集人文社科之思　刊专业学术之声

U0206873

集 刊 名：中国海洋经济
主　　编：崔凤祥
副 主 编：刘　康　王　圣
主办单位：山东社会科学院

MARINE ECONOMY IN CHINA　NO.16

学术委员会

韩立民　曲金良　潘克厚　狄乾斌

编辑委员会

主　任： 袁红英

副主任： 韩建文　杨金卫　张凤莲

委员（按姓氏笔画排序）：

王　韧　王　波　卢庆华　李广杰

杨金卫　吴　刚　张　文　张凤莲

张念明　张清津　周德禄　袁红英

徐光平　崔凤祥　韩建文

编辑部

主　　编： 崔凤祥

副主编： 刘　康　土　圣

责任编辑： 徐文玉　鲁美妍

联系电话： 13864285961

电子邮箱： zghyjjjk@163.com

通信地址： 山东省青岛市市南区金湖路 8 号

第16辑

集刊序列号：PIJ 2010 171

中国集刊网：www.jikan.com.cn/ 中国海洋经济

集刊投约稿平台：www.iedol.cn

山东社会科学院　主办　·2016年创刊·

中国海洋经济

主编　崔凤祥

副主编　刘康　王圣

MARINE ECONOMY IN CHINA

第 16 辑

社会科学文献出版社
SOCIAL SCIENCES ACADEMIC PRESS (CHINA)

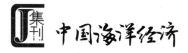

（第16辑）

2024年10月出版

· 打造现代海洋经济发展高地 ·

中国海洋产业结构升级对海洋经济绿色全要素生产率的影响

··· 王玲玲　苏　萌 / 1

中国海洋环境规制的时空演化特征与区域差异 ·············· 仇荣山 / 17

数字经济与海洋经济高质量发展耦合协调关系及影响因素分析

··· 夏紫怡　刘　韬 / 36

中国海洋科技创新促进海洋经济高质量发展 ················· 吴　梵 / 52

· 海洋文化与旅游 ·

乡村振兴战略与海岛生态旅游互促发展

　　——以烟台市养马岛为例 ··············· 汤　娜　潘永涛 / 83

青岛市影视文化与滨海旅游业融合发展 ·················· 李　伟 / 99

山东海洋文化遗产的传承与保护 ······················ 朱建峰 / 111

· 海洋产业 ·

财政政策推动青岛海洋主导产业发展的内在机理与策略优化

··· 田　文 / 126

水产业采捕装备发展现状与提升对策 ············ 赵　斌　李成林 / 143

山东省大宗海洋生物资源的变化与开发利用

········· 李宝山　王际英　王　斌　曹体宏　孙春晓

黄炳山　王忠全 / 157

中国海洋产业蓝碳源汇识别与碳汇发展潜力初探
········ 卢 昆 李汉瑾 Hui Yu 王 健 吴春明 孙祥科 / 188

Abstracts and Keywords ···················· / 216

《中国海洋经济》征稿启事 ·············· / 224

中国海洋产业结构升级对海洋经济绿色全要素生产率的影响[*]

王玲玲　苏　萌[**]

摘　要　本文基于 SBM 超效率模型，测算了 2006~2017 年中国沿海 11 省份的海洋经济绿色全要素生产率（MGTFP），从海洋产业结构合理化和海洋产业结构高级化两个维度，运用动态面板数据模型和系统 GMM 估计方法，检验海洋产业结构升级对 MGTFP 的影响效应。结果显示：（1）在研究时段内，中国 MGTFP 年均增速为 2.97%，增长的主要原因是海洋绿色技术进步指数的提升；（2）海洋产业结构高级化对促进 MGTFP 的增长有显著的正向作用，但同时也具有滞后效应，需要一定的时间。因此，需要继续推进海洋第三产业的发展，协调海洋产业结构升级与资源环境的关系，加大海洋环境治理的力度，从而提升 MGTFP。

关键词　海洋经济　海洋产业　绿色全要素生产率　产业结构升级

引　言

海洋经济绿色全要素生产率（MGTFP）既考虑了海洋经济增长的

---

　*　　本文为山东省重点研发计划（软科学项目）（2023RKY02003）、青岛市社科规划课题（QDSKL2201254）的阶段性研究成果。

**　王玲玲，博士，青岛农业大学经济管理学院副教授，硕士研究生导师，主要研究领域为海洋经济。苏萌（通讯作者），博士，中国海洋大学经济学院讲师，主要研究领域为渔业经济与管理。

效益，也兼顾了海洋经济发展中的资源环境问题，是衡量海洋经济高质量发展的重要指标。党的二十大报告提出"发展海洋经济，保护海洋生态环境，加快建设海洋强国"的目标，明确了海洋在国家发展中所处的战略地位。但在海洋资源有限的现实条件下，海洋经济的可持续发展日益受到海洋经济发展方式粗放和环境污染等因素的制约，改变粗放的发展方式，促进海洋经济可持续发展，其实质是将要素驱动转变为绿色全要素生产率驱动。MGTFP 的提升离不开海洋产业结构的升级。优化海洋产业结构，促进海洋经济的高质量发展，需要准确地把握海洋产业结构对 MGTFP 的影响，从而提升 MGTFP。

一　文献综述

近年来，随着 DEA 模型的不断改进和发展，经济高质量发展战略的提出，MGTFP 成为海洋经济增长研究的重点。赵林等[1]、丁黎黎等[2]分别基于 SBM 和改进 RAM-Undesirable 模型对中国海洋经济效率进行评价。关于海洋产业结构升级对 MGTFP 影响的研究，丁黎黎等[3]、邹玮等[4]、韩增林等[5]将海洋产业结构升级作为 MGTFP 影响因素之一进行研究，且仅用单一指标衡量海洋产业结构升级。

综上，现有文献对本研究提供了有益的参考。现有文献侧重于研究

---

[1]　赵林、张宇硕、焦新颖、吴迪、吴殿廷：《基于 SBM 和 Malmquist 生产率指数的中国海洋经济效率评价研究》，《资源科学》2016 年第 3 期。

[2]　丁黎黎、郑海红、王伟：《基于改进 RAM-Undesirable 模型的我国海洋经济生产率的测度及分析》，《中央财经大学学报》2017 年第 9 期。

[3]　丁黎黎、朱琳、何广顺：《中国海洋经济绿色全要素生产率测度及影响因素》，《中国科技论坛》2015 年第 2 期；丁黎黎、郑海红、刘新民：《海洋经济生产效率、环境治理效率和综合效率的评估》，《中国科技论坛》2018 年第 3 期。

[4]　邹玮、孙才志、覃雄合：《基于 Bootstrap-DEA 模型环渤海地区海洋经济效率空间演化与影响因素分析》，《地理科学》2017 年第 6 期。

[5]　韩增林、王晓辰、彭飞：《中国海洋经济全要素生产率动态分析及预测》，《地理与地理信息科学》2019 年第 1 期。

海洋产业结构的变动与海洋经济增长的相互影响[①]，以及在资源环境约束下怎样优化海洋产业结构，还有学者将海洋产业结构升级作为 MGTFP 的影响因素之一，但对衡量海洋产业结构升级的指标选择单一，对两者的关系考虑得也不够深入。

因此，本文科学、全面地选取海洋经济投入产出指标，基于 SBM 超效率模型测算沿海 11 省份的 MGTFP。然后，运用动态面板数据模型和系统 GMM 估计方法，从海洋产业结构高级化和海洋产业结构合理化两个维度，全面客观地考察中国海洋产业结构升级对 MGTFP 的影响。最后，从海洋产业结构升级的视角探索 MGTFP 的提升路径，为海洋经济高质量发展提供有益的借鉴和参考。

二 MGTFP 测算方法及数据说明

（一） SBM 超效率模型

本文以 11 个沿海省份为一个决策单元 $DMU_j(j=1, 2, \cdots, n)$，假设每一个 DMU 有 m 种投入 $x_i = (x_1, x_2, \cdots, x_m) \in R_m^+$ 和 q 种产出 $y_r = (y_1, y_2, \cdots, y_q) \in R_q^+$，$DMU_k$ 表示当期要测量的决策单元，(x_{ik}, y_{rk}) 表示第 k 个沿海省份的投入产出。由 DMU_k 之外的其他决策单元构建的生产可能集为：

$$\{(x,y) \mid x \geq \sum_{j=1,j \neq k}^{n} x_{ij}\lambda_j, y \leq \sum_{j=1,j \neq k}^{n} y_{rj}\lambda_j\}$$

---

① N. Rorholm, *Economic Impact of Marine-oriented Activities: A Study of the Southern New England Marine Region* (Kingston: University of Rhode Island, 1967), p. 132; S. Kwak, S. Yoo, J. Chang, "The Role of the Maritime Industry in the Korean National Economy: An Input-output Analysis," *Marine Policy* 4 (2005): 371-383; I. V. Putten, C. Cvitanovic, E. A. Fulton, "A Changing Marine Sector in Australian Coastal Communities: An Analysis of Inter and Intra Sectorial Industry Connections and Employment," *Ocean & Coastal Management* 131 (2016): 1-12; K. Nazir, Y. Mu, K. Hussain, et al., "A Study on the Assessment of Fisheries Resources in Pakistan and Its Potential to Support Marine Economy," *Indian Journal of Geo-Marine Sciences* 9 (2016): 1181-1187.

其中，λ_j 为投入产出的权重变量。

在 SBM 超效率模型中，SBM 模型能够解决决策单元的投入产出松弛性问题，超效率模型又能对决策单元进行有效的区分[1]，其非导向的模型为：

$$\min \rho = \frac{\frac{1}{m} \sum_{i=1}^{m} \bar{x}_i / x_{ik}}{\frac{1}{s} \sum_{r=1}^{s} \bar{y}_r / y_{rk}}$$

$$\text{s. t.} \quad \bar{x}_i \geqslant \sum_{j=1, j \neq k}^{n} x_{ij} \lambda_j$$

$$\bar{y}_r \leqslant \sum_{j=1, j \neq k}^{n} y_{rj} \lambda_j$$

$$\bar{x}_i \geqslant x_{ik}$$

$$\bar{y}_r \leqslant y_{rk}$$

$$\lambda, s^-, s^+, \bar{y} \geqslant 0$$

$$i = 1, 2, \cdots, m; r = 1, 2, \cdots, q; j = 1, 2, \cdots n(j \neq k)$$

（二）全局参比的 Malmquist-Luenberger 指数

全局参比的 Malmquist-Luenberger 指数（简称"ML 指数"）模型是由 Pastor 和 Lovell[2] 提出的，以决策单元所有各期的总和作为参考集，各期的参考集为：

$$S^g = S^1 \cup S^2 \cup \cdots \cup S^P = \{(x_j^1, y_j^1)\} \cup \{(x_j^2, y_j^2)\} \cup \cdots \cup \{(x_j^P, y_j^P)\}$$

其中，S^g 指共同参考集，P 指期数。

由于决策单元各期参考的是共同的全局前沿，所以全局参比的 ML 指数具有可比性。具体的计算公式如下：

① K. Tone, "A Slacks-based Measure of Efficiency in Data Envelopment Analysis," *European Journal of Operational Research* 130 (2002): 498-509.

② J. T. Pastor, C. A. K. Lovell, "A Global Malmquist Productivity Index," *Economics Letters* 88 (2005): 266-271.

$$M_g(x^{t+1}, y^{t+1}, x^t, y^t) = \frac{E^g(x^{t+1}, y^{t+1})}{E^g(x^t, y^t)}$$

技术效率变化指数的计算公式如下：

$$EC = \frac{E^{t+1}(x^{t+1}, y^{t+1})}{E^t(x^t, y^t)}$$

技术进步变化指数的计算公式如下：

$$TC_g = \frac{E^g(x^{t+1}, y^{t+1}) E^t(x^t, y^t)}{E^{t+1}(x^{t+1}, y^{t+1}) E^g(x^t, y^t)}$$

ML 指数可以分解为 EC 和 TC_g：

$$
\begin{aligned}
M_g(x^{t+1}, y^{t+1}, x^t, y^t) &= \frac{E^g(x^{t+1}, y^{t+1})}{E^g(x^t, y^t)} \\
&= \frac{E^{t+1}(x^{t+1}, y^{t+1})}{E^t(x^t, y^t)} \frac{E^g(x^{t+1}, y^{t+1}) E^t(x^t, y^t)}{E^{t+1}(x^{t+1}, y^{t+1}) E^g(x^t, y^t)} \\
&= EC \times TC_g
\end{aligned}
$$

（三）动态面板数据模型

分析海洋产业结构升级对 MGTFP 的影响，由于海洋产业结构升级与沿海各地区 MGTFP 之间可能存在互为因果的关系，所以会产生内生性；又考虑到沿海各地区的 MGTFP 可能存在一定的动态效应，即上一期的 MGTFP 可能会对后一期产生影响，这样模型中就存在被解释变量的滞后期，也是典型的内生变量。因此，构建动态面板数据模型，为避免异方差性，对各变量取对数，构建回归模型如下：

$$
\begin{aligned}
\ln MGTFP_{it} =\ & \alpha_1 \ln MGTFP_{i,t-1} + \alpha_2 \ln ois_{it} + \alpha_3 \ln otl_{it} + \alpha_4 \ln ois_{i,t-1} + \alpha_5 \ln otl_{i,t-1} + \beta_1 \ln rd_{it} + \\
& \beta_2 \ln gop_{it} + \beta_3 \ln open_{it} + \beta_4 \ln hr_{it} + \varepsilon_{it}
\end{aligned}
$$

其中，α_1 为 MGTFP 滞后一期的系数，α_2 和 α_3 是海洋产业结构升级对 MGTFP 的回归系数，α_4 和 α_5 是海洋产业结构升级滞后一期的系数，β_1、β_2、β_3、β_4 为控制变量的回归系数，ε_{it} 为随机扰动项。

（四）指标选择与数据说明

1. 测算 MGTFP 的投入产出指标

（1）投入指标：海洋劳动投入、海洋资本投入和海洋资源投入。

海洋劳动投入量。用沿海 11 省份的涉海就业人数来表示。由于《中国海洋经济统计年鉴 2018》中已不再统计此指标，采用张军等[1]对缺失数据的处理方法，用 2017 年的拟合值来代替。

海洋资本投入量。借鉴丁黎黎等[2]的做法，用沿海 11 省份海洋产业生产总值占其地区生产总值的比重对资本存量进行折算，其中沿海 11 省份资本存量的估算方法采用的是永续盘存法，借鉴张军和何永贵[3]的计算公式：

$$K_t = I_t/P_t + (1 - \delta_t)K_{t-1}$$

其中，K_t 表示沿海各省份 t 年的资本存量，K_{t-1} 衡量 $t-1$ 年的资本存量，I_t 表示沿海各省份 t 年的投资，P_t 表示沿海各省份 t 年的固定资产价格指数，δ_t 表示沿海各省份 t 年的资本折旧率，设定为 9.6%。计算的 2000 年的沿海 11 省份初期资本存量，以 2005 年为基期，运用沿海各地区的固定资产价格平减指数换算出可比的资本存量。

海洋资源投入量。在海洋经济的投入中，也要考虑到资源，由于资源的市场化管理，用海域使用权确权面积进行衡量。

（2）产出指标：期望产出和非期望产出。

海洋经济期望产出是指在海洋经济中"好"的产出，用沿海各地区的海洋生产总值表示。为了保证数据的可比性，以 2005 年为基期，

---

① 张军、吴桂英、张吉鹏：《中国省际物质资本存量估算：1952—2000》，《经济研究》2004 年第 10 期。

② 丁黎黎、朱琳、刘新民：《沿海地区蓝绿指数的构建及差异性分析》，《软科学》2015 年第 8 期。

③ 张军、何永贵：《强化政府主导型收入再分配机制的国际借鉴分析》，《经济体制改革》2004 年第 1 期。

用沿海各地区每年的居民消费价格指数，将其换算为可比价格。

非期望产出。由于海洋经济在生产过程中会产生非期望产出，如废水、固体废物等，它们会对海水造成直接污染，是海洋经济中的"坏"产出，选取海洋工业固体废物排放量和海洋工业废水排放量来衡量非期望产出。用沿海地区海洋生产总值占沿海地区生产总值的比重对沿海地区的工业固体废物排放量和工业废水排放量进行折算得到上述两个指标，然后运用熵值法得出海洋环境污染指数，作为非期望产出的量化指标。

2. 海洋产业结构升级对 MGTFP 影响的变量选取

（1）被解释变量：沿海 11 省份 MGTFP。

（2）解释变量：海洋产业结构合理化和海洋产业结构高级化。

海洋产业结构合理化（otl）是指海洋经济在发展过程中海洋第二、第三产业化的程度。在海洋经济的初级阶段，海洋第一产业占主导地位，占有较大的比重。伴随着海洋经济的发展，海洋第二、第三产业占比逐渐加大，根据配第-克拉克定理，将海洋产业结构合理化定义为[1]：

$$otl = \frac{osi + oti}{opi}$$

其中，opi 为海洋第一产业增加值，osi 为海洋第二产业增加值，oti 为海洋第三产业增加值。

海洋产业结构高级化（ois）是指海洋经济发展的重点由海洋第一产业逐渐向海洋第二产业和第三产业转移的过程，由此表现出海洋产业结构服务化的趋势，采用干春晖等[2]、任海军和赵景碧[3]的做法，其计

---

① 陈晓、张壮壮、李美玲：《环境规制、产业结构变迁与技术创新能力》，《系统工程》2019年第3期。

② 干春晖、郑若谷、余典范：《中国产业结构变迁对经济增长和波动的影响》，《经济研究》2011年第5期。

③ 任海军、赵景碧：《技术创新、结构调整对能源消费的影响——基于碳排放分组的 PVAR 实证分析》，《软科学》2018年第7期。

算公式为：

$$ois = \frac{oti}{osi}$$

其中，osi 为海洋第二产业增加值，oti 为海洋第三产业增加值。

（3）控制变量。根据已有文献，结合海洋经济的实际，选择以下变量作为控制变量。①对外开放程度（$open$）。用沿海各地区进出口总额占 GDP 的比重衡量。其中，进出口总额按年平均汇率折算。②海洋经济发展水平（gop）。用沿海各地区海洋生产总值来衡量沿海各地区海洋经济的发展状况。③海洋研发投入（rd）。海洋 R&D 投入能够带动科技创新，有利于提高 MGTFP。本文采用沿海各地区海洋科技机构经费收入总额占地区海洋生产总值的比重表示。④海洋环境治理（hr）。用沿海地区海洋生产总值占地区生产总值的比重对工业污染治理投资额进行折算，得到海洋工业污染治理投资额作为量化指标。

3. 数据来源

所有数据均来源于《中国海洋统计年鉴》（2007~2017 年）、《中国海洋经济统计年鉴 2018》、《中国统计年鉴》（2007~2018 年）、《中国环境统计年鉴》（2007~2018 年）和 Wind 数据库。

三　MGTFP 测算结果

本文使用 MaxDEA Ultra8.1 软件，对 2006~2017 年中国 MGTFP 及其分解指标进行测算。

（一）　MGTFP 纵向比较

中国 MGTFP 在 2006~2017 年的变化如表 1 所示。在研究期内，MGTFP 年均增长 2.97%，表明中国 MGTFP 呈增长的趋势，在前半段波动较大，2011 年后趋于稳定，2015~2017 年稳中有升，2006~2011 年呈现"M"形变动趋势。

表 1 2006~2017 年 MGTFP

年份	MGTFP	MGEC	MGTC
2006~2007	1.0144	0.9274	1.1442
2007~2008	1.3195	0.9935	1.3078
2008~2009	0.7932	1.0131	0.7800
2009~2010	1.1756	0.9457	1.2358
2010~2011	1.0998	1.1082	1.0346
2011~2012	0.9132	1.0043	0.9110
2012~2013	0.9626	0.9784	0.9862
2013~2014	0.9651	0.9976	0.9670
2014~2015	0.9711	1.0000	0.9714
2015~2016	1.0573	0.9310	1.1400
2016~2017	1.0553	0.9712	1.0922
平均	1.0297	0.9882	1.0518

从海洋经济绿色技术效率指数（MGEC）变化来看，2006~2017 年中国海洋经济绿色技术效率指数变化年均值为 0.9882，对 MGTFP 具有负向效应。可能的原因是，中国沿海地区海洋管理制度落后，海洋资源的配置效率较低，使海洋经济绿色技术效率的变化指数出现了负增长。相比海洋经济绿色技术效率指数的变化，海洋经济绿色技术进步指数（MGTC）的年均值为 1.0518，年均增长 5.18%，高于 MGT-FP 的年均增长率，对 MGTFP 的增长有正向影响。从图 1 可见，海洋经济绿色技术进步指数的波动趋势与 MGTFP 基本一致，MGTFP 的增长主要源自海洋经济绿色技术进步指数的提升。可能的原因是，沿海 11 省份对海洋技术创新的重视程度不断提高，科技成果转化率高，并且不断创新工艺，提高生产能力，促进海洋经济绿色技术进步指数的提升。

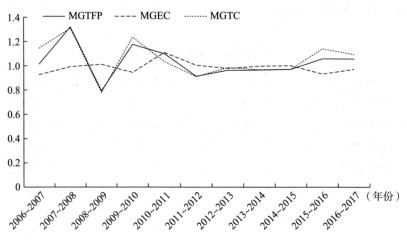

图1 2006~2017年海洋经济全要素生产率指数及其分解指数变化趋势

（二） MGTFP 地区间的比较

沿海各省份之间 MGTFP 的比较如表2所示。在研究时限内，天津、上海、江苏、浙江、福建、山东、广东、海南8个沿海省市的 MGTFP 呈现正增长；河北、辽宁、广西的 MGTFP 呈现负增长。

海洋经济绿色技术效率指数和海洋经济绿色技术进步指数对 MGTFP 的影响有一定的差异。其中，天津、江苏、浙江的 MGEC 和 MGTC 同时增长，带动了 MGTFP 的增长。上海、福建、山东、广东、海南的 MGEC 下降，MGTC 上升，但 MGTC 上升的幅度较大，从而使其 MGTFP 增长。河北、辽宁、广西的 MGEC 下降，MGTC 增长，但 MGEC 下降的幅度较大，导致其 MGTFP 呈下降趋势。可能的原因是，辽宁属于东北老工业基地，转型较慢，海洋经济生产过程中要素的配置效率相对较低，导致 MGEC 下降较大。广西、河北可能是因为海洋经济不发达，管理效率和资源配置效率都相对较低，所以 MGEC 下降的幅度较大。

表 2　沿海省份 MGTFP 及其分解

省（区、市）	MGEC	MGTC	MGTFP	排名
天津	1.0505	1.0557	1.0367	4
河北	0.9147	1.1186	0.9784	10
辽宁	0.9644	1.0053	0.9687	11
上海	0.9909	1.1614	1.1833	1
江苏	1.0162	1.0256	1.0407	3
浙江	1.0008	1.0334	1.0283	5
福建	0.9979	1.0269	1.0182	6
山东	0.9815	1.0259	1.0052	8
广东	0.9911	1.0236	1.0148	7
广西	0.9639	1.0222	0.9821	9
海南	0.9984	1.0715	1.0707	2
平均	0.9882	1.0518	1.0297	

（三）海洋产业结构升级对 MGTFP 的影响

下面以上述测算的 MGTFP 为因变量，分析海洋产业结构升级对 MGTFP 的影响。

1. 变量的描述性统计

对数据进行描述性统计分析，各变量指标的数据特征如表 3 所示。海洋产业结构高级化指标差距较小，其对数值的标准差为 0.4117，说明沿海各地区海洋产业结构高级化的程度差异不大。海洋产业结构合理化指标对数值的标准差为 1.7791，说明沿海各地区海洋产业结构合理化的程度差距较大，海洋产业结构合理化水平在平均值以上的只有天津和上海，其中可能的原因是上海海洋第一产业的增加值占比极小，远远低于其海洋第二、第三产业的增加值，导致海洋产业结构合理化指标对数值较大，为 7.2171，远高于其平均值 3.2348，这导致 11 个沿海省份的海洋产业结构合理化的对数值有较大差异。控制变量中，海洋研发投入、海洋经济发展水平、对外开放程度的对数值的标准差都小于 1，说明沿海各地区在这些指标上差异不大，只有海洋环境治理对数值的标准差大于1，意味着沿海各地区在海洋环境治理的投入上有较大差异。

表3　描述性统计

变量	均值	标准差	最小值	最大值	观测量/个
$\ln MGTFP$	0.0092	0.1972	−1.0390	1.0209	121
lnois	0.1656	0.4117	−0.7829	1.1915	121
lnotl	3.2348	1.7791	1.1238	7.4574	121
lnrd	−6.1800	0.6926	−7.8421	−4.8085	121
lngop	8.0650	0.9278	5.8392	9.7827	121
lnopen	0.7577	0.7115	−1.6038	2.1246	121
lnhr	0.8259	1.0953	−2.5222	2.9366	121

2. 实证结果与分析

采用动态面板估计中的常用方法系统 GMM 对模型进行估计，并设定核心解释变量 lnois、lnotl 为内生解释变量，将 lnois、lnotl 的滞后一期纳入模型进行估计，系统 GMM 估计结果如表4所示。

表4　海洋产业结构升级对 MGTFP 影响的回归结果

变量	回归系数	标准误
L. $\ln MGTFP$	0.790	0.6004
lnois	−5.259[**]	2.1709
L. lnois	3.666[**]	1.7360
lnotl	−8.632[**]	3.7259
L. lnotl	−5.358[**]	3.0622
lnrd	−2.121[**]	1.0521
lngop	3.857[**]	1.7014
lnopen	−2.925[**]	1.1572
lnhr	0.436[**]	0.1966
常数项	3.315	2.0170
N	110	

续表

变量	回归系数	标准误
AR（1）	0.0003	
AR（2）	0.1413	
Sargan 估计系数	0.0236	
p	1.000	

注：$**p<0.05$。

系统 GMM 的估计结果显示，AR（1）的 p 值为 0.0003，在 99% 的置信度下存在一阶自相关。AR（2）的 p 值是 0.1413，拒绝原假设，不存在二阶自相关，可以进行系统 GMM 的估计，此模型的设定合理。Sargan 估计系数的 p 值为 1.000，表示工具变量选择是合理的，模型总体矩条件是成立的。

根据估计结果，滞后一期的 MGTFP 对当期值的影响不显著，说明 MGTFP 的循环累积效应不明显。海洋产业结构高级化当期和滞后一期对 MGTFP 的影响在 95% 的置信水平下都是显著的，从估计系数前面的符号来看，当期对 MGTFP 的影响是负的，滞后一期对 MGTFP 的影响是正的，表示具有滞后效应，海洋产业结构高级化对 MGTFP 的促进需要一定的时间。但海洋产业结构合理化，不管是当期还是滞后一期对 MGTFP 的影响在 95% 的置信水平下都显著为负，其中当期的影响较大，说明海洋产业结构合理化水平的提升对 MGTFP 的提升起到负面作用。可能的原因是海洋第二产业中的海洋传统产业仍占主导地位，对资源和环境的消耗较大，虽然海洋第二产业增加值的比例增大了，但不利于 MGTFP 的提升。

在控制变量中，海洋经济发展水平的估计系数在 95% 的置信水平下显著为正，说明海洋经济的发展水平对 MGTFP 有正向影响。海洋环境治理的估计系数在 95% 的置信水平下显著为正，说明海洋环境治理方面的投资有利于推动 MGTFP 的提升。海洋研发投入的估计系数在 95% 的置信水平下显著为负，说明海洋科研机构经费收入总额占海洋生产总值的比重太小，现阶段还不能促进 MGTFP 的提升。对外开放程度的估计系数在 95% 的置信水平下也显著为负，说明对外开放所引进的新技术溢出效应没有得到有效的发挥，对 MGTFP 的提升没有促进作用。

3. 稳健性检验

选择减少样本的方法，对研究成果的可靠性进行检验。选取 2009～2017 年的数据检验海洋产业结构升级的两个维度对 MGTFP 的影响，检验结果如表 5 所示。在此研究时段内，海洋产业结构升级的两个维度对 MGTFP 的影响方向均未发生改变，并且影响系数也没有明显的改变。

对于控制变量，在 95% 的置信水平下，估计系数的正负号没有发生改变，显著性水平也没有显著差异。因此，上面的研究结果是可信的，也进一步支持了研究结论。

表 5 稳健性检验结果

变量	回归系数	标准误
L. ln$MGTFP$	0.759	0.5866
lnois	−5.145[**]	2.1276
L. lnois	3.732[**]	1.7384
lnotl	−8.377[**]	3.6144
L. lnotl	−5.131[*]	2.9532
lnrd	−2.037[**]	1.0062
lngop	3.732[**]	1.6340
ln$open$	−2.895[**]	1.1495
lnhr	0.419[**]	0.1901
常数项	3.272	2.0796
N	99	
AR（1）	0.0380	
AR（2）	0.1427	
Sargan 估计系数	0.0514	
p	1.000	

注：* $p<0.1$，** $p<0.05$。

四 结论与建议

（一）结论

本文基于 SBM 超效率模型，测算了 2006～2017 年中国沿海 11 省份的海洋经济绿色全要素生产率（MGTFP），从海洋产业结构合理化和海洋产业结构高级化两个维度衡量海洋产业结构升级，构建动态面板数据模型，运用系统 GMM 方法，检验了海洋产业结构升级对 MGTFP 的影响。

结果发现，在研究时段内，中国 MGTFP 年均增速为 2.97%，增长的主要原因是海洋经济绿色技术进步指数的提升，海洋经济绿色技术效率指数的抑制作用明显。从地区来看，天津、上海、江苏、浙江、福建、山东、广东、海南 8 个沿海省市的 MGTFP 呈现正增长；河北、辽宁、广西的 MGTFP 呈现负增长。

海洋产业结构升级对 MGTFP 影响的实证检验结果显示，海洋产业结构高级化对促进 MGTFP 的增长有显著的正向作用，但具有滞后效应。在控制变量中，海洋经济发展水平和海洋环境治理对 MGTFP 有显著的促进作用；海洋研发投入和对外开放程度对 MGTFP 的增长有负向影响。

（二）建议

继续推进海洋第三产业的发展。从本文的结论可知，海洋第三产业的发展能够促进海洋绿色全要素生产率的提升，推动海洋经济高质量发展。因此海洋产业结构要继续向海洋服务业发展，以海洋绿色技术进步为动力，合理配置资源，提高海洋第三产业的质量和水平。

海洋产业结构升级与资源环境协调发展。从本文的结论可知，海洋产业结构合理化不利于 MGTFP 的提升，可能原因是海洋第二产业中传统产业的比重过大，对资源环境的消耗过大，导致对 MGTFP 产生抑制作用。因此在海洋产业结构升级过程中，要注重海洋生产活动与海洋生态环境的平衡发展，从而提升 MGTFP。

加大海洋环境治理的力度。从本文的结论可知，海洋环境治理对 MGTFP 有显著的正向影响，加大海洋环境治理的力度，有利于 MGTFP 的提升。在海洋环境治理的过程中，不仅要对海洋工业污染排放物进行治理，而且要加强对污染源头的控制，并在海洋生产过程中进行清洁生产，确保海洋环境治理的效力。

（责任编辑：王圣）

中国海洋环境规制的时空演化特征与区域差异

仇荣山 *

摘　要　本文系统梳理中国海洋环境规制的发展历程，构建三级指标评价体系，采用熵值–TOPSIS 法，分别对 2003~2019 年中国沿海 9 省（区）海洋环境规制进行测算。同时，运用空间分析技术，对中国海洋环境规制的时空演变特征、区域差异进行客观分析。研究表明，在研究期内，中国海洋环境规制强度呈上下波动的变化趋势。其中，河北、江苏、浙江海洋环境规制较为严格，辽宁、山东、广东海洋环境规制强度适中，福建、广西、海南海洋环境规制强度较低。从区域差异来看，中国海洋环境规制的区域差异呈现先缩小后逐步平稳的变化趋势。其中，命令控制型海洋环境规制在各沿海地区的区域差异较小，市场激励型和自愿参与型海洋环境规制均存在较大的区域差异。

关键词　海洋　环境规制　熵值法　变异系数法

引　言

海洋是地球上重要的生态系统之一，它不仅是人类赖以生存的重要资源库，而且是调节全球气候、维持生态平衡的重要组成部分。然而，随着全球工业化和城市化的不断加速，海洋面临过度捕捞、环境污染、

---

* 仇荣山，博士，通讯作者，江苏海洋大学商学院讲师，主要研究领域为海洋经济、渔业经济等。

生态系统退化等一系列问题。这些问题不仅威胁着海洋生物多样性和生态系统稳定性，而且直接影响着人类的生产生活和健康。《2022年中国海洋生态环境状况公报》显示，2022年，中国近岸海域劣四类水质占比达到8.9%，无机氮和活性磷酸盐均严重超标；夏季呈富营养化的海域面积达到2.8万平方千米，其中中度和重度富营养化海域面积占55%以上；中国监测的24个海洋生态系统中，17个正处于亚健康或不健康状态。

从经济学的角度看，海洋污染实际上是一种"公地悲剧"。单靠市场手段，难以解决海洋经济发展与环境保护之间的矛盾，必须借助"政府之手"，制定实施有效的环境规制政策对海洋环境污染问题进行科学干预，推动海洋经济高质量发展。1973年，中国召开了首次全国环境保护大会，并通过了《关于保护和改善环境的若干规定（试行草案）》，标志着中国环境管理的新起点。经过50多年的发展，中国海洋环境规制体系不断完善，逐步颁布了《中华人民共和国环境保护法》《中华人民共和国海洋环境保护法》《中华人民共和国海域使用管理法》等多项涉及海洋环境保护的法律法规。同时，海域使用金、交易许可证、排污费、渔业发展补助等市场激励型海洋环境规制工具以及绿色食品认证、大众媒体监督等非强制性自愿参与型海洋环境规制工具所发挥的作用越来越大，成为解决海洋环境问题的重要抓手。因此，在建设海洋强国，推进海洋经济高质量发展的时代背景下，进一步梳理中国海洋环境规制的发展历程，系统审视海洋环境规制的时空演化特征与区域差异，对于推动中国海洋经济的发展和海洋环境治理的双赢具有重要意义。

一 中国海洋环境规制的发展历程

中国海洋环境规制的发展与社会经济的发展密切相关。随着中国经济体制和增长方式的逐步演变，不同阶段的海洋环境规制政策呈现各自不同的特点。从总体来看，大致可以分为三个阶段：起步阶段（1978～1992年）、发展阶段（1992～2012年）、深化阶段（2012年至今）。

第一阶段，起步阶段（1978～1992年）。改革开放初期，中国环境领域发生深刻变革。在资金短缺、技术落后的背景下，决策层普遍认为中国环境问题属于管理问题，只要加强环境管控就可以减轻环境污染。在此背景下，中国开始实施一系列环境规制政策，以强制性行政命令督促海洋环境治理。1979年，中国颁布《中华人民共和国环境保护法（试行）》，规定了环境影响评价制度和排污收费制度，该法律成为中国实施海洋环境保护的主要法规。1982年，《中华人民共和国海洋环境保护法》正式颁布，标志着海洋环境立法进入新的历史阶段。1983年，中国明确了"加强环境管理""实行污染者自负责任""以预防为主，预防与治理相结合"的环境保护三项政策。1989年，第三次全国环境保护会议提出"排污申请登记与许可证"制度，该制度与"排污收费""三同时""环境影响评价"三项制度，共同组成了中国海洋环境管理基础。这一阶段，中国海洋环境保护法律体系初步建立，海洋环境规制政策主要以源头控制和污染物末端治理类的强制性行政命令为主，环境规制工具较为单一，环境规制强度调控缺少可操作性。

第二阶段，发展阶段（1992～2012年）。党的十四大确定了中国经济体制改革的目标是建立社会主义市场经济体制。这一目标要求改革自然资源和生态环境监管体制，以适应市场化资源配置的需要。在1992年里约环境峰会后，中国提出了《环境与发展十大对策》，旨在转变传统的粗放型发展模式，朝着可持续发展的目标迈进。政府为了贯彻这一目标，陆续颁布和修订了一系列生态环境保护法律，如《中华人民共和国农业法》《中华人民共和国水污染防治法》等，从法律上确立了自然资源占有、使用和开发利用的方式，推动了中国自然资源监管体制市场化的进程。在这些法律的推动下，中国的自然资源和海洋生态环境保护工作逐渐得到加强和完善。2003 年，《中华人民共和国环境影响评价法》的施行，更是标志着中国环境管理方式的转变。从"先污染后治理"转向"先评价后建设"，强调了在任何新建、改建或扩建工程项目中，必须先进行环境影响评价，才能获得建设许可证。这种方式的实施，有效地防止了污染物的过度排放，保护了生态环境。2003 年，国务院还颁布了《排污费征收使用管理条例》，该条例改变了排污费征收的方式，不再单纯使用超标排放收费模式，而是基于污染物的种类和数量进行收费，并且同时采用了超标排放收费模式，进一步促进了企业对于环境污染物的减排，保障了生态环境的可持续发展。2006 年，《环境影响评价公众参与暂行办法》颁布，首次对环境评价影响公众参与进行了全面系统的规定，极大地调动了公众保护环境的积极性和主动性。这一阶段，中国海洋环境保护事业得到进一步发展，海洋环境治理逐步由政府命令向多方参与、综合治理转变，环境规制工具日趋丰富，以价格、金融、财税等为手段的市场激励型环境规制政策工具进一步得到强化。

第三阶段，深化阶段（2012 年至今）。党的十八大将生态文明建设纳入"五位一体"总体布局，进一步强调环境保护的重要地位，促进了中国海洋环境规制的深化发展。2014 年，《中华人民共和国环境保护法》修订实施，强化了企业污染防治责任，完善了环境管理基本制度。此后，各部门陆续出台了多项环境经济政策，涵盖了环境信用、绿色信贷、绿色税费、生态补偿、排污权交易等多个方面。这些政策的制定和实施贯穿了社会经济活动的全过程，已成为海洋环境规制体系中不可或缺的重要组成部分。2015 年，《环境保护公众参与办法（试行）》正式发布，进一步加强了公众获取环境信息、参与环境保护并监督的权力，推动了环境保护公众参与机制的健康发展。2018 年，《中华人民共和国环境保护税法》正式实施，用税法的形式加强对环境的治理，进一步强化了利用经济杠杆来调整海洋环境保护的政策手段。这一阶段，在生态文明建设的指导下，中国海洋环境规制得到进一步深化发展、命令控制型、市场激励型、自愿参与型等多种环境规制工具不断得到完善和优化，地方政府环境规制强度调控能力得到进一步加强。

二　指标选取与测度方法

（一）指标选取与解释

中国海洋环境规制政策体系越来越完善，环境规制工具也越来越多。然而，这并不意味着中国海洋环境规制强度正在持续升高。事实上，中国海洋环境规制政策体系在日趋完善的同时，各地方政府对海洋环境规制强度的调控能力也在不断提高，即各地方政府可以通过制定调整地方环境禁令、标准、补贴、税收等方式对海洋环境规制强度进行调节。本文考虑到环境规制相关数据的可获得性、政策同步性和可比性等因素，选择采用替代变量的方法测度海洋环境规制强度。

1. 命令控制型海洋环境规制

命令控制型海洋环境规制是政府早期采用的传统手段，其目的在于直接干预污染者的排污行为。这种规制方式通过建立和执行法律或行政命令，规定企业必须遵守的排污目标、标准和技术，并对违规行为进行处罚。现有研究多从政府污染治理的投入角度，选取"三同时"投资总额[1]、工业污染治理完成投资总额[2]、环评制度执行率[3]等替代变量对不同区域命令控制型环境规制进行衡量。本文选取单位海洋生产总值污染治理投资总额、环评制度执行率两项指标，综合评估命令控制型海洋

---

[1]　孔海涛：《环境规制类型与地区经济发展不平衡》，《管理现代化》2018 年第 3 期。

[2]　薄文广、徐玮、王军锋：《地方政府竞争与环境规制异质性：逐底竞争还是逐顶竞争?》，《中国软科学》2018 年第 11 期。

[3]　仇荣山、韩立民、徐杰、殷伟：《环境规制对中国海水养殖业绿色转型的影响——基于动态面板模型的实证检验》，《资源科学》2022 年第 8 期。

环境规制的强度。[①]

2. 市场激励型海洋环境规制

市场激励型海洋环境规制是为了解决政府干预所表现出的政策失效，引导企业追求利润最大化而采取的控制海洋环境污染的决策。市场激励型环境规制通常利用市场价格规律，通过运用补贴、税收等经济杠杆，间接宏观调控、引导相关主体减少海洋环境污染。现有研究多从企业环境投入角度，采用排污费[②]、资源税[③]、城市污染治理投资总额[④]等指标对市场激励型环境规制进行衡量。本文选取单位面积海域使用金征收金额、单位产值排污费收入总额两项指标，综合评估市场激励型海洋环境规制的强度。[⑤]

3. 自愿参与型海洋环境规制

自愿参与型海洋环境规制是依赖社会主体环保意识的一种隐性的环境规制，是指在法律规定之外，企业、公众等社会主体自愿承担海洋环境保护和监督的义务，政府相关部门在环境经济行为、环境监管活动和环境决策行为上听取公众建议，以激励公众增强保护和监管海洋环境的责任意识。自愿参与型海洋环境规制对不同产业不同种类的污染具有相同的敏感性（强度），即某一地区民众自愿参与大气污染监督活动的积极性高，则其参与水污染监督活动的积极性同样高。因此，该指标选择具有较强的普遍适用性。现有研究多选择环保系统实有人数[⑥]、各地区

[①] 熊艳：《基于省际数据的环境规制与经济增长关系》，《中国人口·资源与环境》2011年第5期。

[②] 纪建悦、张懿、任文菡：《环境规制强度与经济增长——基于生产性资本和健康人力资本视角》，《中国管理科学》2019年第8期。

[③] 熊航、静峥、展进涛：《不同环境规制政策对中国规模以上工业企业技术创新的影响》，《资源科学》2020年第7期。

[④] 李博、王晨圣、余建辉、韩玉凯：《市场激励型环境规制工具对中国资源型城市高质量发展的影响》，《自然资源学报》2023年第1期。

[⑤] 全禹澄、李志青：《寻找合适的环境规制强度指标——基于中国排污收费政策的视角》，《环境经济研究》2020年第1期。

[⑥] 肖权、赵路：《异质性环境规制、FDI与中国绿色技术创新效率》，《现代经济探讨》2020年第4期。

人大建议数和政协环境提案总数①、环境类信访数量②等指标对自愿参与型环境规制进行衡量。本文选取环境问题投诉（信访、举报）总数、环境类人大建议及政协提案总数两项指标，综合评价自愿参与型海洋环境规制的强度。

基于此，本文综合上述 3 种类型环境规制所选指标，构建海洋环境规制测度指标体系。具体指标体系如表 1 所示。

表 1 海洋环境规制测度指标体系

一级指标	二级指标	三级指标	指标属性
海洋环境规制	命令控制型	单位海洋生产总值污染治理投资总额	正向
		环评制度执行率	正向
	市场激励型	单位面积海域使用金征收金额	正向
		单位产值排污费收入总额	正向
	自愿参与型	环境问题投诉（信访、举报）总数	正向
		环境类人大建议及政协提案总数	正向

（二）测度方法

本文采用熵值-TOPSIS 法对沿海各地区海洋环境规制强度进行测度。熵值-TOPSIS 法是一种基于信息理论的多指标决策方法，它可以帮助解决多个指标之间权重确定的难题。与其他多指标决策方法相比，该方法的优势在于通过计算每个指标的自身信息量，从而避免了环境规制指标赋权的主观性，更好地利用样本数据的信息，减少数据信息的损失，进而更加客观、准确地评估海洋环境规制强度。首先，选用熵值法（EW）通过计算数据间离散程度来对各项指标进行客观赋权，熵值越

① 高红贵、肖甜：《异质性环境规制能否倒逼产业结构优化——基于工业企业绿色技术创新效率的中介与门槛效应》，《江汉论坛》2022 年第 3 期。
② 张丹、李玉双：《异质性环境规制、外商直接投资与经济波动——基于动态空间面板模型的实证研究》，《财经理论与实践》2021 年第 3 期。

小，样本数据间的差异越大，该指标在评价系统中的重要程度就越高，相应的权重也就越大。其次，利用 TOPSIS 法通过确定多个目标到正理想解和负理想解之间的欧式距离，按照相关贴近度对多个目标优劣性进行排序，进而对海洋环境规制强度进行测度。主要计算步骤如下。

构建原始评价矩阵：

$$X = \begin{bmatrix} x_{11} & x_{12} & \cdots & x_{1n} \\ x_{21} & x_{22} & \cdots & x_{2n} \\ \vdots & \vdots & & \vdots \\ x_{m1} & x_{m2} & \cdots & x_{mn} \end{bmatrix} \tag{1}$$

对数据进行标准化处理。环境规制测度所有指标均为定量指标，可通过收集数据直接得出。所选取的指标性质、意义、计量单位存在差异，导致指标之间不具有可比性，因此需要对各指标的原始数据进行无量纲处理，得到规范化决策矩阵 Z。为尽量保留原始变量信息，本文采用极差法对各个指标进行无量纲处理，处理方法如式（3）（4）所示。

$$Z = \begin{bmatrix} z_{11} & z_{12} & \cdots & z_{1n} \\ z_{21} & z_{22} & \cdots & z_{2n} \\ \vdots & \vdots & & \vdots \\ z_{m1} & z_{m2} & \cdots & z_{mn} \end{bmatrix} \tag{2}$$

正向指标：$y_{ij} = \dfrac{x_{ij} - \min x_{ij}}{\max x_{ij} - \min x_{ij}} \tag{3}$

逆向指标：$y_{ij} = \dfrac{\max x_{ij} - x_{ij}}{\max x_{ij} - \min x_{ij}} \tag{4}$

根据信息熵确定指标权重，计算第 j 项指标在 i 地区的贡献度 p_{ij}：

$$p_{ij} = \frac{y_{ij}}{\sum\limits_{i=1}^{m} y_{ij}} \tag{5}$$

计算指标熵值 E_j：

$$E_j = \frac{1}{\ln n} \sum_{i=1}^{n} p_{ij} \ln p_{ij} \tag{6}$$

计算指标权重 ω_i：

$$\omega_i = \frac{1 - E_j}{\sum_{i=1}^{n} (1 - E_j)} \tag{7}$$

构建加权规范化矩阵 Y。将规范化决策矩阵 Z 与权重 ω_i 相乘，即为加权规范化矩阵 Y：

$$Y = (\omega_i z_{ij})_{m \times n} = \begin{bmatrix} \omega_1 z_{11} & \omega_2 z_{12} & \cdots & \omega_n z_{1n} \\ \omega_1 z_{21} & \omega_2 z_{22} & \cdots & \omega_n z_{2n} \\ \vdots & \vdots & & \vdots \\ \omega_1 z_{m1} & \omega_2 z_{m2} & \cdots & \omega_n z_{mn} \end{bmatrix} \tag{8}$$

确定正负理想解 Y^+ 和 Y^-：

$$Y^+ = (y_1^+, y_2^+, \cdots, y_n^+) \tag{9}$$

$$Y^- = (y_1^-, y_2^-, \cdots, y_n^-) \tag{10}$$

式（9）（10）中：$y_j^+ = \max y_{ij}$，$y_j^- = \min y_{ij}$。

计算指标向量与正负理想解之间的欧氏距离 D_i^+ 和 D_i^-：

$$D_i^+ = \left[\sum_{j=1}^{m} (y_{ij} - y_j^+)^2 \right]^{1/2}, i = 1, 2, \cdots, m \tag{11}$$

$$D_i^- = \left[\sum_{j=1}^{m} (y_{ij} - y_j^-)^2 \right]^{1/2}, i = 1, 2, \cdots, m \tag{12}$$

计算最终指数 A_i：

$$A_i = \frac{D_i^-}{D_i^+ + D_i^-} \tag{13}$$

（三）数据来源与描述性统计

本研究选取了 2003~2019 年沿海地区的 9 个省区（河北、辽宁、江苏、浙江、福建、山东、广东、广西、海南）的面板数据作为研究样本。由于天津、上海和港澳台地区的相关数据缺失，因此未被纳入样本范围。海洋环境规制变量的相关指标数据来自历年的《中国统计年鉴》《中国环境统计年鉴》《中国环境年鉴》《中国海洋统计年鉴》《中国海洋经济统计年鉴》。为了考虑物价因素的影响，本文所涉及的价格单位指标已经根据 GDP 平减方法转换为了 2003 年的价格水平。海洋环境规制各原始指标的描述性统计结果如表 2 所示。

表 2 海洋环境规制各指标描述性统计

变量	均值	标准差	最大值	最小值
A_{11}	0.0013	0.0010	0.0055	0.0001
A_{12}	99.5209	2.3226	100.0000	75.3000
A_{21}	6.3713	9.2316	55.1903	0.0205
A_{22}	3.8369	2.2429	9.6119	0.4447
A_{31}	58087.1765	58107.9006	304000.0000	197.0000
A_{32}	660.2810	417.6325	2471.0000	29.0000

三 中国海洋环境规制强度测度结果分析

（一）中国海洋环境规制的时空演变特征

根据上述指标体系构建、模型选择与数据基础，测度 2003~2019 年中国沿海地区海洋环境规制综合强度，结果如表 3 所示。

表 3 2003~2019 年中国沿海地区海洋环境规制综合强度

年份	省（区）								
	河北	辽宁	江苏	浙江	福建	山东	广东	广西	海南
2003	0.413	0.477	0.433	0.387	0.414	0.442	0.421	0.399	0.066
2004	0.439	0.491	0.433	0.434	0.456	0.439	0.411	0.423	0.192

续表

年份	省（区）								
	河北	辽宁	江苏	浙江	福建	山东	广东	广西	海南
2005	0.447	0.512	0.469	0.454	0.493	0.461	0.425	0.456	0.313
2006	0.433	0.527	0.458	0.465	0.433	0.454	0.419	0.438	0.362
2007	0.433	0.475	0.449	0.468	0.406	0.445	0.401	0.482	0.347
2008	0.426	0.456	0.456	0.458	0.404	0.439	0.405	0.439	0.322
2009	0.414	0.420	0.436	0.425	0.401	0.393	0.408	0.406	0.327
2010	0.418	0.427	0.424	0.424	0.394	0.392	0.418	0.428	0.336
2011	0.426	0.414	0.436	0.414	0.378	0.428	0.397	0.373	0.370
2012	0.463	0.399	0.442	0.462	0.392	0.402	0.429	0.372	0.341
2013	0.494	0.413	0.436	0.485	0.410	0.423	0.430	0.379	0.370
2014	0.474	0.411	0.478	0.547	0.372	0.468	0.469	0.369	0.374
2015	0.442	0.384	0.469	0.494	0.411	0.442	0.477	0.379	0.388
2016	0.424	0.396	0.444	0.458	0.383	0.421	0.438	0.375	0.422
2017	0.450	0.393	0.445	0.425	0.377	0.424	0.494	0.364	0.403
2018	0.438	0.357	0.396	0.425	0.343	0.389	0.489	0.355	0.334
2019	0.436	0.356	0.428	0.410	0.351	0.389	0.489	0.358	0.377
平均值	0.439	0.430	0.443	0.449	0.401	0.427	0.436	0.400	0.332
排序	3	5	2	1	7	6	4	8	9

图 1 展示了 2003~2019 年中国沿海地区海洋环境规制强度的变化趋势。整体来看，中国沿海地区海洋环境规制强度呈上下波动的变化趋势，且不同区域间海洋环境规制强度存在一定差异。从政府竞争理论来解释，基于不断变化的政治锦标赛标准，地方政府在不断上下调整海洋环境规制强度以实现利益最大化。

2003~2006 年，中国沿海大部分地区的海洋环境规制强度总体呈上升趋势（见图 2）。在这一阶段，中国开始积极倡导"科学发展观"，多次强调环境保护的重要性，并将其纳入基本国策中。2002 年，为加强海域使用管理，我国施行《中华人民共和国海域使用管理法》，市场激励型海洋环境规制不断得到加强。其中，海南海洋环境规制强度上升较

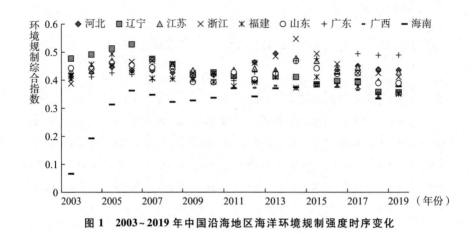

图 1　2003~2019 年中国沿海地区海洋环境规制强度时序变化

为明显，环境监管力度不断加大，环评制度执行率从 2003 年的 75.3% 上升至 2006 年的 98.2%。

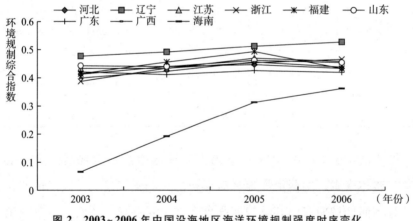

图 2　2003~2006 年中国沿海地区海洋环境规制强度时序变化

2007~2010 年，中国沿海大部分地区的海洋环境规制强度呈现波动下降的趋势（见图 3）。在这一阶段，海洋环境保护相关法律法规出台的速度相对放缓。部分地区为了推动经济发展，实施了相对宽松的海洋环境规制政策。特别是广东、江苏、山东、浙江等经济大省暗中角力，小幅下调海洋环境规制强度以推动海洋产业快速发展。

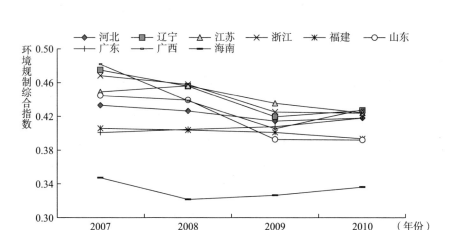

图 3 2007~2010 年中国沿海地区海洋环境规制强度时序变化

2011~2014 年，中国沿海大部分地区的海洋环境规制强度呈小幅上升趋势（见图 4）。在这一阶段，中国海洋环境规制工具趋向多元化，公众对海洋环境保护和监管的责任感不断提高，自愿参与型海洋环境规制工具不断得到加强。与此同时，党的十八大确定了生态文明建设的突出地位，要求地方政府将环境保护工作放在更加重要的位置。基于此，各地政府加大了对违规排污等行为的处罚力度，提高了部分领域的海域使用金征收标准，以响应中央政府对海洋环境保护的要求。

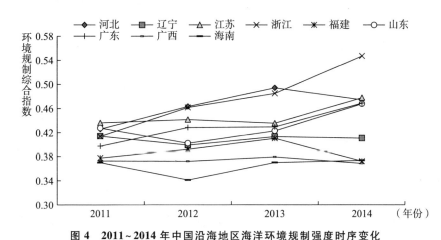

图 4 2011~2014 年中国沿海地区海洋环境规制强度时序变化

2015~2019 年，中国各沿海地区海洋环境规制强度变化幅度相对较小，但在局部地区还是出现了一定程度的下降（见图5）。在这一阶段，随着中国环境规制政策的不断完善，各地海洋环境规制强度趋于稳定。2016年，《中华人民共和国海洋环境保护法》进行修订，不仅明确了生态保护红线，更实行了针对养殖用海的行政审批制度宽松化改革，部分沿海地区下调海域使用金征收额以确保其海洋经济的竞争优势。

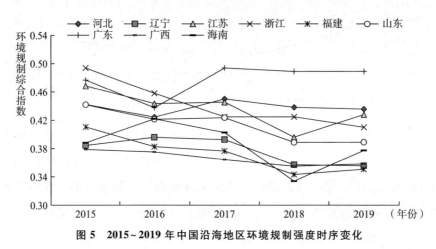

图5　2015～2019年中国沿海地区环境规制强度时序变化

为了更加全面地展现沿海地区海洋环境规制强度的空间分布特征，本文进一步采用了ArcGIS空间分析技术，以2003～2019年的沿海地区海洋环境规制综合强度平均值为基础，采用自然断点法将其分为3个等级：高值区、中值区、低值区（见表4）。

表4　海洋环境规制强度类型划分

	高值区	中值区	低值区
省（区）	河北、江苏、浙江	辽宁、山东、广东	福建、广西、海南

由表4可以看出，中国沿海地区海洋环境规制强度空间差异明显，从整体来看，东部和北部沿海地区海洋环境规制强度较高，南部沿海地区海洋环境规制强度偏弱。具体来看，河北、江苏、浙江海洋环境规制最为严格。其中，河北地处首都经济圈，承接了较多京、津地区转移来

的基础性产业，近岸海域污染严重，环境治理力度较大，命令控制型和市场激励型海洋环境规制强度相对较高；江苏、浙江两地经济发展水平和城市化水平较高，民众自愿参与海洋环境保护意识较强，自愿参与型海洋环境规制强度相对较高。辽宁、山东、广东海洋环境规制强度适中。同为环渤海地区，辽宁和山东近岸海域环境治理压力小于河北，但受河北海洋环境规制空间溢出效应的影响，海洋环境规制综合强度整体适中；广东毗邻南海，海洋污染治理压力相对较小，命令控制型海洋环境规制和市场激励型海洋环境规制强度相对较低，但公众参与环境保护意识较强，自愿参与型海洋环境规制强度相对较高，海洋环境规制综合强度适中。福建、广西、海南海洋环境规制强度较低。与山东、江苏、浙江、广东等省份相比，福建、广西、海南经济发展水平相对较低，对污染产业的忍耐度相对较高，同时三省（区）毗邻海洋自然状况优于渤海和黄海的东海和南海，红树林、海藻床等海洋生态系统较为稳定，因此海洋环境规制相对较为宽松。

（二）中国海洋环境规制区域差异性分析

为了更准确地测量中国沿海地区海洋环境规制的综合强度及不同类型海洋环境规制强度的区域差异，本研究采用变异系数法，计算了2003~2019年中国沿海地区海洋环境规制综合强度及不同类型海洋环境规制强度的变异系数。变异系数法是衡量数据变异程度的统计方法，该方法能够较为客观地反映数据组的离散程度，从而判断中国海洋环境规制的区域差异。[①] 变异系数值越高，各地区海洋环境规制的区域差异越大。由于样本量较大，为了综合考虑海洋环境规制的时序变化特点，将样本分成2003~2006年、2007~2010年、2011~2014年、2015~2019年4个时间段，并取每个时间段的平均值进行测算。具体测算结果如表5

---

① 仇荣山、韩立民、殷伟：《中国海水养殖业绿色发展评价与时空演化特征》，《地理科学》2023年第10期。

所示。

表5 2003~2019年中国海洋环境规制变异系数

年份	综合型	命令控制型	市场激励型	自愿参与型
2003~2006	0.177	0.233	0.285	0.528
2007~2010	0.083	0.078	0.315	0.634
2011~2014	0.095	0.052	0.442	0.567
2015~2019	0.096	0.050	0.487	0.607

由表5可以看出，2003~2019年，中国沿海地区综合海洋环境规制变异系数由0.177迅速下降至0.083后又逐渐上升至0.096，可以推断出中国海洋环境规制的区域差异呈现先缩小后逐步保持平稳的变化趋势。

从不同类型海洋环境规制变异系数来看（见图6），2003~2019年，命令控制型海洋环境规制变异系数较小且降幅较大，由0.233不断下降至0.050。这表明中国命令控制型海洋环境规制在各沿海地区的区域差异较小，且其制定的标准日趋一致。作为最早被采用的环境规制工具，命令控制型海洋环境规制的发展相对较为完善。在制定具体的排污技术标准和环境评价标准时，地方政府多以中央环境规制政策为基准。因此，地方政府的可调控范围较小，命令控制型海洋环境规制区域差异也相对较小。市场激励型海洋环境规制变异系数不断上升且增幅较大，由0.285逐步上升至0.487。这表明，中国沿海地区的市场激励型海洋环境规制存在较大的区域差异，并呈现不断扩大的趋势。与命令控制型海洋环境规制相比，市场激励型海洋环境规制不仅更加灵活，而且还能够激发企业的环境保护主动性。同时，地方政府在市场激励型海洋环境规制中也具有一定的自由裁量权，可以根据当地的具体情况和需求，制定更加精细化的海洋环境规制政策，以实现差异化海洋环境规制水平下的最大利益。自愿参与型海洋环境规制变异系数较大且呈上下波动的变化趋势。这表明，中国自愿参与型海洋环境规制在各沿海地区表现出明显的区域差异。相较于命令控制型海洋环境规制和市场激励型海洋环境规制，自愿参与型海洋环境规制在中国仍未能够得到充分完善，各地区之间存在较大的差距，同时也存在"马太效应"，这可能导致一些地区的自愿参与型海洋环境规制无法充分发挥作用。

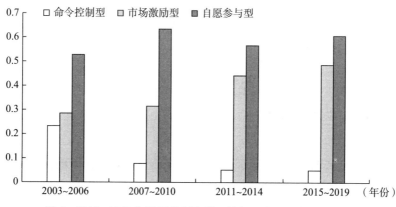

图6 2003～2019年不同类型海洋环境规制变异系数时序变化

四 结论与建议

（一）研究结论

本文基于中国海洋环境规制的发展历程，将海洋环境规制细分为命令控制型、市场激励型和自愿参与型三种类型，每种类型选取两个指标，构建三级指标评价体系。采用熵值-TOPSIS法分别对2003～2019年中国沿海9省（区）海洋环境规制进行测算。同时，运用空间分析技术对中国海洋环境规制的时空演变特征、区域差异进行客观分析。研究表明：第一，在研究期内，中国海洋环境规制强度呈上下波动的变化趋势。其中，河北、江苏、浙江海洋环境规制较为严格，辽宁、山东、广东海洋环境规制强度适中，福建、广西、海南海洋环境规制强度较低。第二，从区域差异来看，中国海洋环境规制的区域差异呈现先缩小后逐步平稳的变化趋势。其中，命令控制型海洋环境规制在各沿海地区的区域差异较小，且其制定的标准日趋一致；市场激励型海洋环境规制存在较大的区域差异，并呈现不断扩大的趋势；自愿参与型海洋环境规制在各沿海地区表现出明显的区域差异，且呈上下波动的变化趋势。

（二）政策建议

基于上述研究结论，为有效推进中国海洋经济发展与海洋环境治理，本文提出以下建议。

第一，持续优化命令控制型海洋环境规制。加强排污许可证的证后监管，对已发放排污许可证的企业进行摸底排查，细化排污许可证种类，通过排污许可证的证后监管，逐步实现环评提出的所有污染防治设施和措施落实落地。完善限期治理制度，明确和细化限期治理的标准、形式和程序，主动对需整改企业提供技术指导服务，帮助企业提高污染治理的积极性。优化环境影响评价制度，结合国家"双碳"目标，建立健全碳排放环境影响评价的工作机制，将碳排放纳入海洋环境污染相关产业和企业环境影响评价标准中，打通污染源与碳排放管理统筹融合路径。

第二，灵活运用市场激励型海洋环境规制。完善海域使用金征收标准动态调整机制，定期跟踪并公布各地区海域使用金征收情况，加强对各地海域使用金征收标准科学性的审核工作，充分发挥海域使用金经济杠杆调控作用。进一步深化市场改革，逐步扩大海域使用权的市场化出让范围，提高海域使用权的使用权能，构建有利于海水养殖绿色生产技术、环保产品交易的市场制度。

第三，加快拓展自愿参与型海洋环境规制。积极拓宽环境信息公开渠道，定期向社会发布各海域环境监管信息和环境标准信息，公开海洋环境污染监督举报平台，主动接受公众和媒体的监督。进一步贯彻

《环境保护公众参与办法》，为公众参与海洋环境保护提供法律保障，并明确公众参与环境保护的程序，降低公众参与环境保护成本，通过法律渠道和程序维护和保障公众环保权益。

（责任编辑：徐文玉）

数字经济与海洋经济高质量发展耦合协调关系及影响因素分析

夏紫怡　刘　韬*

摘　要　由于国内资源环境受限、传统发展方式受阻以及要素配置亟待优化等问题逐渐暴露，海洋产业急需转型升级。随着科技的不断进步，数字经济在推动海洋经济增长方面起到关键作用。本文以 2012~2021 年中国沿海11 省份为研究对象，分别构建数字经济和海洋经济的评价指标体系，运用熵权 TOPSIS 法对各个指标的权重赋值，再结合耦合协调度模型对其耦合协调度进行计算。研究发现：数字经济与海洋经济的发展水平呈现相对稳定的增长态势，但不同地区的发展水平呈现显著差异，且差距日益扩大；与此同时，二者的耦合协调程度虽有小波动，但总体呈增长态势，显示出良好的联动效应。鉴于此，为进一步促进数字经济和海洋经济融合发展，应加快将数字技术应用到海洋产业、充分发挥优质耦合协调地区的示范作用，以及因地制宜引导地区协调发展。

关键词　数字经济　海洋经济高质量发展　耦合协调度

引　言

在信息技术如 5G、大数据、云计算、物联网、区块链等广泛应用

---

*　夏紫怡，山东科技大学硕士研究生，主要研究领域为数字经济与产业经济发展。刘韬，博士，山东科技大学经济管理学院副教授，硕士研究生导师，主要研究领域为海洋产业发展。

的背景下，数字经济迅速崛起。党的二十大报告提出关于数字经济的指导方针，致力于加快数字经济发展，推动数字经济和实体经济的进一步融合，着力打造具备国际竞争力的数字产业集群。数字经济的战略地位日益巩固，成为中国现代化的重要推动力。同时，党的二十大报告还着重强调了海洋经济的发展、海洋生态环境的保护以及海洋强国建设的加快推进。政府长期从政策、资金和技术等多个方面支持海洋经济高质量发展，不断推动海洋科技创新，优化海洋产业结构，加强海洋生态环境保护，提高海洋经济的核心竞争力，使其在未来继续成为国民经济的重要增长点。尽管海洋经济当前处于持续增长的趋势，但仍然存在一些发展不足的问题，特别是在海洋科技的应用和发展方面，尚未达到理想的水平，需要进一步加强研究和投入。数字经济作为一种新的经济形态，相对于传统经济具有显著优势。[①] 数字经济逐步成为推动海洋经济增长的新引擎，发挥资源配置、发展模式创新和要素流动加速等关键作用。通过挖掘和整合数字资源，将其与海洋经济紧密融合，不仅提升了海洋经济的质量和效益，还为海洋经济的高质量发展提供新的思路和机遇，推动海洋经济更好地实现可持续发展。因此，我们需要紧跟时代步伐，把握科技发展新趋势，探索新旧动能转换规律，加快实现数字经济与海洋经济两者优势互补，采取有针对性的措施，推动传统产业升级转型，实现经济高质量发展。

一　文献综述

数字经济在经济发展中的重要性已经得到广泛认可，关于研究数字经济的相关文献主要集中在以下两个方面。一是数字经济的概念界定和指标体系构建，二是数字经济对产业发展的影响作用。"数字经济"的概念在 1996 年首次被正式提出，随着科技的不断发展，它逐渐成了学

---

① 戚聿东、肖旭：《数字经济时代的企业管理变革》，《管理世界》2020 年第 6 期。

者们关注的热点问题。张雪玲和吴恬恬在构建数字经济发展评价体系时考虑到数字基础设施、数字应用和产业变革三个方面对其的影响，并使用熵值法测算中国数字经济发展水平，运用自然间断点分级法探讨影响其空间分化格局的关键因素。[①] 丁志帆对数字经济进行了定义，并对其概念和特征进行了总结。在此基础上，从微观、中观和宏观的角度，探究了数字经济影响经济高质量发展的内在机制。[②] 刘军等不仅考虑到每个维度内部各指标的权重和数量，还考虑到每个维度内部指标之间的相关性和影响因素，主要因素包括信息化、互联网发展和数字交易，并采用 SAR 模型，对中国各省份数字经济的驱动因素进行了深入分析。[③] 王军等对中国数字经济指标体系进行丰富和系统的构建与测量，主要包括数字经济发展载体、数字化产业、产业数字化、数字经济发展环境四个方面，用熵值法计算出相关指标的权重，并且还使用了一系列实证方法对其进行验证。研究发现中国数字经济发展水平逐年递增但存在明显的区域异质性。[④] 王娟娟和佘干军基于现有研究基础，整合考虑新的衡量区域发展差异的指标，建立包括数字基础、数字产业和数字环境在内的数字经济发展水平评价指标体系。[⑤] 盛斌和刘宇英构建的中国数字经济发展指数，涵盖了数字基础设施、数字产业和数字治理三个层面，对中国数字经济的发展特点进行了总结和归纳，致力于研究其空间分布差异特征及动态演进。[⑥] 巫景飞和汪晓月通过使用熵权法对各省份的数字经

---

① 张雪玲、吴恬恬：《中国省域数字经济发展空间分化格局研究》，《调研世界》2019 年第 10 期。

② 丁志帆：《数字经济驱动经济高质量发展的机制研究：一个理论分析框架》，《现代经济探讨》2020 年第 1 期。

③ 刘军、杨渊鋆、张三峰：《中国数字经济测度与驱动因素研究》，《上海经济研究》2020 年第 6 期。

④ 王军、朱杰、罗茜：《中国数字经济发展水平及演变测度》，《数量经济技术经济研究》2021 年第 7 期。

⑤ 王娟娟、佘干军：《我国数字经济发展水平测度与区域比较》，《中国流通经济》2021 年第 8 期。

⑥ 盛斌、刘宇英：《中国数字经济发展指数的测度与空间分异特征研究》，《南京社会科学》2022 年第 1 期。

济发展数据进行整理计算得出数字经济发展指数，还对各省份数字经济发展的差异以及时空特征进行了分析。① 数字经济与各种产业发展的相关研究表明，数字经济与各领域的融合已成为不可逆转的重要现实和发展趋势，李春发等指出，通过产业链的数字化转型可使数字经济和实体经济更深一步融合，从而促进实体经济发展和产业结构转型升级。② 祝合良和王春娟研究发现，数字经济从成本节约效应等方面对产业高质量发展具有促进作用，并提出创新构建数字化产业体系等建议。③ 唐红涛等研究发现，数字技术的创新推动数字经济发展，从而实现产业结构升级，并对产业结构合理化和高度化产生重要的积极影响。④ 王军等通过以消费需求和消费供给的扩张为内在机制探究数字经济如何对区域经济的高质量发展产生积极作用，并发现二者之间呈现倒"U"形的关系。⑤ 数字经济推动了各行业结构转型升级，为各个领域带来了新的发展机遇和挑战。

随着海洋经济的快速发展，学术界对此的关注度也在逐渐提升。以下是一些学者对海洋经济高质量发展研究的相关成果。秦琳贵和沈体雁从技术进步和科技创新的角度研究了促进海洋经济高质量发展的具体途径，指出要坚持通过创新驱动海洋经济高质量发展。⑥ 高晓彤等运用熵权 TOPSIS 方法对海洋经济高质量发展评价体系中的发展指数进行计

① 巫景飞、汪晓月：《基于最新统计分类标准的数字经济发展水平测度》，《统计与决策》2022 年第 3 期。

② 李春发、李冬冬、周驰：《数字经济驱动制造业转型升级的作用机理——基于产业链视角的分析》，《商业研究》2020 年第 2 期。

③ 祝合良、王春娟：《数字经济引领产业高质量发展：理论、机理与路径》，《财经理论与实践》2020 年第 5 期。

④ 唐红涛、陈欣如、张俊英：《数字经济、流通效率与产业结构升级》，《商业经济与管理》2021 年第 11 期。

⑤ 王军、刘小凤、朱杰：《数字经济能否推动区域经济高质量发展?》，《中国软科学》2023 年第 1 期。

⑥ 秦琳贵、沈体雁：《科技创新促进中国海洋经济高质量发展了吗——基于科技创新对海洋经济绿色全要素生产率影响的实证检验》，《科技进步与对策》2020 年第 9 期。

算，在此基础上，运用修正的引力模型和社会网络分析方法，探索其空间关联网络结构演变特征。① 蹇令香等借助 VHSD－EM 模型评价分析了海洋产业高质量发展和数字经济发展水平，并通过使用随机森林算法和偏效应模型，揭示了数字经济对中国海洋产业高质量发展的积极作用。② 鲁亚运和原峰将新发展理念作为指导，结合信息熵所得出的综合评分构建有关海洋经济高质量发展的评价体系，并在耦合理论的基础上，对二者的关系进行深入分析。③ 曹正旭和张檞檞则以新发展理念为指导构建海洋经济高质量发展评价指标体系，并采用组合赋权法和 Dagum 基尼系数分析海洋经济高质量发展水平和差异。④

综合现有研究发现，海洋经济高质量发展正处于转型升级阶段，而数字技术的快速发展，特别是基于区块链技术的创新应用，推动了经济的数字化转型，为海洋经济的高质量发展提供了新的机遇。学术界关于将数字经济与海洋经济高质量发展结合起来研究的文献较少，对二者融合发展的研究不足。因此，本文选取中国沿海 11 省份的相关数据，时间范围为 2012 年到 2022 年，建立数字经济与海洋经济高质量发展的评价指标体系，利用耦合协调度模型测度二者的耦合协调程度，在此基础上，结合数字经济与海洋经济的发展特点和未来趋势，探究影响其耦合关系和融合发展的因素，为两个领域的深度融合提供支持。

① 高晓彤、赵林、曹乃刚：《中国海洋经济高质量发展的空间关联网络结构演变》，《地域研究与开发》2022 年第 2 期。

② 蹇令香、苏宇凌、曹珊珊：《数字经济驱动沿海地区海洋产业高质量发展研究》，《统计与信息论坛》2021 年第 11 期。

③ 鲁亚运、原峰：《海洋经济与经济高质量发展的耦合协调机理及测度》，《统计与决策》2022 年第 4 期。

④ 曹正旭、张檞檞：《中国海洋经济高质量发展评价及差异性分析》，《统计与决策》2023 年第 8 期。

二 数字经济与海洋经济高质量发展耦合机理

（一）海洋经济高质量发展为数字经济发展提供保障

海洋资源的丰富性和利用潜力是促进数字经济发展的重要因素。随着海洋产业的不断壮大，各地纷纷加快科研平台建设的步伐，以提升海洋产业的创新能力和核心竞争力。新型的科研平台建设不仅为海洋产业提供了更加完善的数字基础设施支撑，也为数字技术的广泛应用奠定了坚实基础，并且从海洋勘探到海洋资源开发利用，先进的海洋技术和设备不断涌现，为海洋产业的数字化转型提供了强有力的技术支持，也推动数字技术不断创新。同时，随着海洋经济的不断发展，海洋产业也带动了旅游、物流、金融、农业、教育等关联产业的蓬勃发展，为经济的可持续发展注入新的动力和活力。

（二）数字经济为海洋经济的高质量发展提供新机遇

随着科技的不断进步，数字经济在推动新兴海洋产业发展方面起到关键作用，为产业结构的转型升级、促进海洋经济高质量发展做出巨大贡献。数字技术在海洋产业中的应用不断拓展，涵盖海洋数据分析、智能航行、远程监测等多个领域，为海洋经济的可持续发展注入新的活力。数字技术的应用也使数字基础设施不断完善，改善了海洋产业的生产方式，增进了资源和能源的利用效率，也提高了产品的生产效率和质量。通过利用大数据、云计算等数字技术能够更加迅速地整合海洋资源和商业数据信息，能够帮助实现海洋资源的共享和环境保护，促进生态环境的可持续发展。同时，海洋经济数字化转型能不断优化人力资本结构，促进海洋知识和技术创新，提升海洋创新活动效率，从而实现海洋经济的高质量发展。

三 模型设定与数据说明

（一）研究方法

1. 熵权 TOPSIS 法

熵权 TOPSIS 法是综合了熵值法和 TOPSIS 法的评价方法。熵值法的过程是先进行数据标准化，再通过计算各指标的比值以及信息熵，根据其权重得出每个方案的综合评分。通过固有信息评估指标的效用价值，可以在一定程度上减少主观因素的干扰，使指标权重的赋值相对于层次分析法和功效系数法等主观赋权法更具客观性和可信度。TOPSIS 法的原理是通过确定各项指标的最优理想值和最劣理想值，对各个方案与最优理想值的接近程度进行计算，最后把各个方案的优劣值依次排序。将这两种方法结合起来，可以充分利用原始数据，准确衡量评价指标的重要程度。本文的具体计算过程使用 Stata 实现，最终得到数字经济发展水平 U_1 和海洋经济高质量发展水平 U_2。

2. 耦合协调度模型

耦合协调度模型是用来评估不同系统中各个子系统间协调发展水平的工具，包含了三个重要指标，即耦合度（C 值）、综合协调指数（T 值）和耦合协调度（D 值）。[1] 通过对系统间的相互依赖和相互影响程度进行量化分析，可以揭示系统之间的联系和作用机制。协调度作为衡量系统间耦合作用关系良性程度的指标，反映了系统整体的协调状态，对于评估系统发展的整体效率和稳定性至关重要。对中国数字经济领域和海洋经济领域的耦合协调度进行计算，通过分析两个系统间耦合协调的程度以及互动效应的水平，能够对其相互作用、相互影响有更深入的

---

① 刘波、龙如银、朱传耿等：《海洋经济与生态环境协同发展水平测度》，《经济问题探索》2020 年第 12 期。

理解。从而促进资源优化配置，提高产出效率，推动经济结构转型升级。

（1）计算耦合度

$$C(U_1, U_2, \cdots, U_n) = n \times [(U_1 \times U_2 \times \cdots \times U_n) \div (U_1 + U_2 + \cdots + U_n)^n]^{1/n} \quad (1)$$

其中，n 代表 n 个系统，C 代表耦合度，C 值的范围为 $[0, 1]$。本文将利用公式（1）对各个系统的耦合度进行计算，分别是数字经济发展系统和海洋经济高质量发展系统，计算公式如下：

$$C_2 = 2 \times [(U_1 \times U_2) \div (U_1 + U_2)^2]^{1/2} \quad (2)$$

（2）计算综合协调指数

$$T_2 = \alpha U_1 + \beta U_2 \quad (3)$$

$$\alpha + \beta = 1 \quad (4)$$

其中，T_2 代表两个系统的综合协调指数，α 和 β 代表待定系数，α 和 β 根据系统的重要度进行赋值。一般把数字经济发展和海洋经济高质量发展放在同等重要的位置，因此设定 $\alpha = \beta = 0.5$。

（3）计算耦合协调度

$$D_2 = (C_2 \times T_2)^{1/2} \quad (5)$$

其中，D_2 代表数字经济发展和海洋经济高质量发展的耦合协调度，取值范围为 0~1。同时，参考常家玲等[1]、李勇和吴孟思[2]的研究，将耦合协调的程度划分为不同的类型，具体如表 1 所示。

表 1　耦合协调度类型划分

取值范围	耦合协调类型
$D \in (0, 0.3]$	严重失调

① 常家玲、张杉、苗红等：《中国省域城乡融合与乡村旅游耦合协调关系时空格局及驱动机制研究》，《中国农业资源与区划》，2024 年 1 月网络首发。

② 李勇、吴孟思：《绿色技术创新、碳减排与经济高质量发展的时空耦合及影响因素分析》，《统计与决策》2023 年第 14 期。

续表

取值范围	耦合协调类型
$D \in (0.3, 0.4]$	中度失调
$D \in (0.4, 0.5]$	基本协调
$D \in (0.5, 0.7]$	良好协调
$D \in (0.7, 1]$	优质协调

（二）数据来源

本研究聚焦中国沿海 11 省份，时间范围为 2012～2021 年。研究数据来源于《中国统计年鉴》《中国海洋统计年鉴》《中国海洋经济统计年鉴》《中国信息产业年鉴》，以及北京大学数字金融研究中心。在此基础上，将通过熵值法确定各项指标权重，运用 TOPSIS 法评估这些地区的数字经济发展水平和海洋经济高质量发展水平，为实证检验提供参考和依据。

（三）指标体系构建

文章分别设计了数字经济发展水平的评价体系和海洋经济高质量发展水平的评价体系，具体选取的指标以及对指标的解释如表 2 和表 3 所示。在选择测算指标时，需要考虑其内涵、涉及领域、背景及影响，评估数据可靠性和准确性，遵循科学规范获取数据，综合考虑各种因素影响，避免单一指标偏差导致测算结果不准确，旨在进一步探寻二者之间的耦合关系。因此本文借鉴了赵涛等[①]学者对中国数字经济发展水平的衡量方法，构建了数字经济发展水平评价指标体系，主要涵盖数字基础建设、数字产业化、产业数字化和数字创新能力四个层面。借鉴仇荣山等[②]学者的研究成果，再结合其对海洋经济高质量发展状况的理解，构

---

① 赵涛、张智、梁上坤：《数字经济、创业活跃度与高质量发展——来自中国城市的经验证据》，《管理世界》2020 年第 10 期。

② 仇荣山、殷伟、韩立民：《中国区域海洋经济高质量发展水平评价与类型区划分》，《统计与决策》2023 年第 1 期。

建海洋经济高质量发展水平评价指标体系，包括经济效益、资源环境、社会效益、科技创新和对外开放五个方面。

表2 数字经济发展水平的评价体系及指标权重

主指标	准则层	指标层	指标解释	单位	权重	指标属性
数字经济发展水平	数字基础建设	互联网普及程度	互联网宽带接入端口数	万个	0.031	正
			互联网宽带接入用户数	万户	0.033	正
			互联网域名数	万个	0.050	正
		移动电话普及程度	移动电话基站密度	个/平方公里	0.065	正
			移动电话普及率	部/百人	0.016	正
		信息传输广度	单位面积长途光缆长度	公里	0.058	正
	数字产业化	软件和信息技术服务业	软件业务收入占GDP比重	%	0.033	正
			信息传输、软件和信息技术服务业从业人数	万人	0.036	正
		电子信息制造业发展水平	信息技术服务收入占GDP比重	%	0.041	正
			电信业务总量占GDP比重	%	0.052	正
			人均电信业务总量	元	0.056	正
		邮电业发展水平	人均邮政业务总量	元	0.057	正
			快递量	万件	0.082	正
			企业电子商务交易额	亿元	0.014	正
	产业数字化	企业数字化发展程度	电子商务交易活动企业比例	%	0.051	正
			企业每百人使用计算机数	台	0.031	正
			每百家企业拥有网站数	个	0.013	正
		数字普惠金融发展水平	数字普惠金融指数	—	0.020	正
	数字创新能力	研究与实验发展水平	工业企业R&D人员折合全时当量	人	0.049	正

续表

主指标	准则层	指标层	指标解释	单位	权重	指标属性
数字经济发展水平	数字创新能力	研究与实验发展水平	工业企业 R&D 经费支出	万元	0.044	正
			工业企业 R&D 项目（课题）数	项	0.053	正
		技术创新能力	技术合同成交额	万元	0.060	正
			专利申请授权数	件	0.056	正

表3 海洋经济高质量发展水平的评价体系及指标权重

主指标	准测层	指标层	指标解释	单位	权重	指标属性
海洋经济高质量发展水平	经济效益	海洋经济规模	海洋产业生产总值	亿元	0.074	正
		海洋产业核心驱动力	海洋第三产业占比	%	0.028	正
		海洋相关产业贡献度	海洋相关产业增加值	亿元	0.062	正
	资源环境	渔业资源利用状况	海洋捕捞产量	吨	0.079	正
	社会效益	海洋贸易发展	货物吞吐量	万吨	0.061	正
		海洋收入福利	沿海城镇居民可支配收入	元	0.037	正
		沿海人力资本	沿海地区人口数量	万人	0.059	正
		海洋人才福利	海洋专业在校硕士研究生数	人	0.067	正
	科技创新	海洋科技科研投入	海洋科研教育投入额	亿元	0.189	正
		海洋科技科研能力	海洋研究发表论文数	篇	0.083	正
		海洋科技科研产出	海洋科研专利授权数	件	0.104	正
	对外开放	港口运营规模	沿海港口国际标准集装箱吞吐量	万吨	0.069	正
		地区对外贸易规模	进出口总额	万美元	0.090	正

四 实证分析

（一）系统发展水平指数分析

经过熵权 TOPSIS 法评价，本文得出中国沿海地区的 11 省份 2012~

2021 年的数字经济发展水平的评价结果以及海洋经济高质量发展水平的评价结果，具体数据如表 4 和表 5 所示。中国沿海地区的数字经济发展水平和海洋经济高质量发展水平呈现一种稳步提升的趋势。数据显示，数字经济发展水平增幅明显高于海洋经济高质量发展水平，反映出数字经济在该地区的重要性和增长潜力。根据 2021 年数据，广东、上海和江苏的数字经济发展水平位居前列，显示出这些地区在数字化转型方面的领先地位。相比之下，广西、辽宁和河北在数字经济发展水平上排名靠后，需要加强数字化建设和技术应用以提升竞争力。就海洋经济高质量发展水平而言，沿海省份整体呈现相对稳定的增长态势，表明海洋经济在该地区的发展基础较为坚实。广东和山东在海洋经济高质量发展方面表现优异，处于高水平发展阶段，这得益于它们在海洋资源利用和政策支持方面的优势。然而，广西、海南和河北的海洋经济发展相对滞后，需要加强技术创新和政策支持，以推动海洋经济的发展。进一步分析显示，广东、山东、江苏和浙江在数字经济方面发展较好的原因在于这些地区经济实力雄厚，数字基础设施完善，数字技术实力快速提升，从而带动了海洋经济的高质量发展。这些地区的成功经验可以为其他地区提供借鉴。对于发展滞后的地区，加强数字技术应用，促进数字经济和海洋经济的深度融合，推动新旧动能转换，将是促进区域经济协调发展的关键措施。

表 4　数字经济发展水平评价结果

省 （区、市）	2012 年	2013 年	2014 年	2015 年	2016 年	2017 年	2018 年	2019 年	2020 年	2021 年	均值
天津	0.244	0.261	0.291	0.312	0.329	0.334	0.354	0.410	0.448	0.386	0.337
河北	0.177	0.223	0.259	0.292	0.329	0.340	0.380	0.409	0.344	0.344	0.310
辽宁	0.242	0.287	0.318	0.347	0.366	0.308	0.304	0.324	0.343	0.340	0.318
上海	0.404	0.449	0.436	0.486	0.503	0.508	0.544	0.569	0.593	0.604	0.510
江苏	0.429	0.380	0.391	0.439	0.453	0.479	0.518	0.550	0.564	0.563	0.477
浙江	0.371	0.394	0.409	0.451	0.468	0.487	0.524	0.551	0.567	0.554	0.478

续表

省 （区、市）	2012 年	2013 年	2014 年	2015 年	2016 年	2017 年	2018 年	2019 年	2020 年	2021 年	均值
福建	0.289	0.309	0.322	0.355	0.382	0.397	0.412	0.418	0.346	0.348	0.358
山东	0.245	0.297	0.331	0.366	0.411	0.429	0.414	0.434	0.454	0.484	0.386
广东	0.410	0.452	0.424	0.480	0.522	0.547	0.608	0.639	0.662	0.654	0.540
广西	0.383	0.182	0.200	0.196	0.233	0.241	0.281	0.317	0.348	0.337	0.272
海南	0.247	0.294	0.346	0.378	0.398	0.392	0.398	0.401	0.389	0.372	0.362

表5　海洋经济高质量发展水平评价结果

省 （区、市）	2012 年	2013 年	2014 年	2015 年	2016 年	2017 年	2018 年	2019 年	2020 年	2021 年	均值
天津	0.095	0.107	0.118	0.120	0.226	0.116	0.121	0.129	0.130	0.153	0.131
河北	0.118	0.126	0.134	0.131	0.139	0.150	0.158	0.161	0.160	0.166	0.144
辽宁	0.188	0.200	0.222	0.261	0.201	0.200	0.201	0.187	0.177	0.203	0.204
上海	0.229	0.259	0.274	0.283	0.239	0.253	0.269	0.283	0.307	0.349	0.275
江苏	0.212	0.210	0.220	0.226	0.220	0.233	0.253	0.254	0.270	0.281	0.238
浙江	0.256	0.265	0.280	0.286	0.295	0.296	0.304	0.309	0.314	0.350	0.296
福建	0.172	0.178	0.188	0.198	0.205	0.206	0.219	0.227	0.219	0.249	0.206
山东	0.302	0.314	0.327	0.336	0.335	0.336	0.373	0.374	0.397	0.431	0.353
广东	0.363	0.356	0.387	0.427	0.436	0.718	0.496	0.502	0.505	0.528	0.472
广西	0.075	0.073	0.079	0.088	0.084	0.086	0.101	0.104	0.107	0.116	0.091
海南	0.091	0.089	0.097	0.100	0.108	0.098	0.100	0.108	0.107	0.123	0.102

（二）系统耦合协调度分析

2012~2021 年，中国数字经济系统和海洋经济系统在沿海地区呈现日益增长的耦合协调趋势，具体的耦合协调指数如表6所示。这种耦合协调度的提升反映了两大系统之间的良好动态关联关系，为区域经济的综合发展提供了有力支持。山东和广东作为沿海地区的经济大省，长期保持良好和优质的耦合协调状态，它们的数字经济和海洋经济之间相互促进、相互耦合，形成良性循环，为区域经济的高质量发展注入了强劲动力。浙江和上海的耦合状态自 2013 年以来也一直保持在良好协调水平，展现出两大系统之间的协调性和发展潜力。福建和江苏的两大系统逐渐从基本协调向良好协调转变，表明这些地区在数字经济和海洋经济发展方面取得积极进展。辽宁虽然经历了一些波动，但也常年保持在基本协调状态，显示出其在数字经济和海洋经济发展方面的稳定性和潜力。河北和天津长期处于中度失调状态，广西和海南长期处于严重失调状态，但在 2019～2021 年取得较大进步，这得益于数字技术推进和国家政策支持的积极作用，这些进步为这些地区的数字经济发展和海洋经济高质量发展奠定了基础。总体而言，在中国沿海 11 省份，数字经济和海洋经济两大系统在发展过程中，形成了相互促进的良性循环。这种耦合协调的良好状态为沿海地区经济的可持续发展奠定了坚实基础，也为未来的发展提供了重要参考和借鉴意义。

表 6　数字经济和海洋经济高质量发展的耦合协调程度

省 （区、市）	2012 年	2013 年	2014 年	2015 年	2016 年	2017 年	2018 年	2019 年	2020 年	2021 年
天津	0.299	0.318	0.339	0.352	0.426	0.351	0.350	0.360	0.363	0.392
河北	0.286	0.295	0.319	0.313	0.328	0.344	0.360	0.363	0.361	0.376
辽宁	0.433	0.448	0.476	0.504	0.452	0.449	0.451	0.440	0.425	0.459
上海	0.490	0.519	0.533	0.536	0.507	0.523	0.537	0.552	0.586	0.629
江苏	0.457	0.456	0.475	0.490	0.485	0.502	0.515	0.520	0.533	0.550
浙江	0.491	0.505	0.532	0.534	0.552	0.564	0.577	0.587	0.595	0.633
福建	0.404	0.410	0.430	0.446	0.454	0.463	0.482	0.494	0.487	0.521
山东	0.574	0.588	0.606	0.620	0.618	0.624	0.664	0.666	0.686	0.725
广东	0.639	0.611	0.662	0.704	0.719	0.860	0.778	0.780	0.776	0.806
广西	0.226	0.219	0.247	0.267	0.256	0.268	0.293	0.303	0.315	0.338
海南	0.224	0.217	0.236	0.235	0.253	0.253	0.271	0.288	0.289	0.320

五 结论与建议

（一）结论

通过应用熵权 TOPSIS 法，本研究确定了中国沿海地区数字经济系统和海洋经济系统中各项指标的权重，并计算了数字经济发展水平和海洋经济高质量发展水平的评价结果。结合耦合协调度模型的实证分析，得出以下结论。

第一，中国沿海 11 省份数字经济发展水平和海洋经济高质量发展水平呈现稳步增长趋势，反映出随着数字技术的不断普及和应用，数字经济在沿海地区的发展日益受到重视，已成为推动地区经济转型升级的重要引擎。与此同时，沿海地区的海洋经济也呈现强劲的发展势头。海洋经济的发展有利于提升地区经济的综合实力，推动海洋产业结构优化并促进海洋经济实现可持续发展。

第二，耦合协调度测算结果显示，在研究期内，大部分沿海地区的数字经济和海洋经济两大系统的耦合协调度保持向好的发展态势，维持良好的动态关联关系。这表明两大系统之间的相互作用和影响有利于沿海地区整体经济的持续发展和提升。

（二）建议

根据研究结果，结合中国数字经济和海洋经济的发展现状，为了有效推动中国数字经济和海洋经济的协同发展，提出以下建议。

第一，加强数字经济的基础建设，加快将数字技术应用到海洋产业，使数字技术与海洋传统产业更紧密地衔接，推动数字经济更深度地融入海洋领域，提升海洋产业的技术水平和竞争力，推动数字经济与海洋经济的协调发展。

第二，充分发挥优质耦合协调地区如广东、山东等省份的示范作用，注重加强这些地区与周边地区之间的联系和互动。通过引入和借鉴这些地区的成功经验和模式，促使数字经济和海洋经济形成良好的联动效应，来更好地实现区域经济的可持续增长。

第三，重视不同地区数字经济和海洋经济发展水平的差异性，分析各地发展基础和制约因素，根据实际情况采取合理政策，因地制宜引导地区协调发展，提高数字经济和海洋经济整体配置效率，从而推动数字经济与海洋经济的深度融合，促进区域经济协调发展。

（责任编辑：鲁美妍）

中国海洋科技创新促进海洋经济高质量发展

吴 梵[*]

摘 要 海洋是高质量发展战略要地。创新驱动是发展的第一动力，也是未来进步的关键所在，对于海洋产业至关重要。本文通过分析海洋科技创新投入和产出状况，以及全国海洋经济发展状况和主要海洋产业发展状况，探究阻碍海洋科技创新驱动海洋经济高质量发展的问题，并提出海洋科技创新促进海洋经济高质量发展对策：加大海洋科技创新的投入力度、调整海洋科技整体布局、完善海洋科技创新法律法规和构建海洋科技研发机制。

关键词 海洋经济 科技创新 海洋产业

引 言

习近平同志在党的十九大报告中强调，坚持"科技强国"要加快建设创新型国家，要瞄准世界科技前沿，强化基础研究，实现前瞻性基础研究、引领性原创成果重大突破。海洋科技创新是完成国家"海洋强国"战略，以及"21世纪海上丝绸之路"战略的重要保障。随着海洋经济体制改革的逐步完善，海洋经济高质量发展将越来越依赖海洋科技创新。因此，深入研究海洋科技创新驱动海洋经济高质量发展及其特

---

* 吴梵，管理学博士，管理学博士后，山东省海洋经济文化研究院助理研究员，主要研究领域为海洋经济。

征，一方面可以为检验和评价海洋科技创新驱动海洋经济高质量发展提供科学依据，有利于政府制定和优化海洋科研政策、挖掘海洋科技创新驱动海洋经济高质量发展潜力、提高海洋经济高质量发展的目标；另一方面是对现有海洋经济高质量发展问题的理论研究的扩展和有益补充，以及对丰富海洋科技创新与海洋经济高质量发展内在规律的理论探讨。

一　海洋科技创新

（一）海洋科技创新投入

1. 人力资源

海洋科技创新人力资源是建设海洋强国和创新型国家的主导力量和战略资源，海洋科技创新科研人员的综合素质决定了国家海洋创新能力提升的速度和幅度。海洋科研机构的科技活动人员和 R&D 人员是重要的海洋创新人力资源，突出反映了一个国家海洋创新人才资源的储备状况。其中，科技活动人员是指海洋科研机构中从事科技活动的人员，包括科技管理人员、课题活动人员和科技服务人员；R&D 人员是指海洋科研机构本单位人员及外聘研究人员和在读研究生中参加 R&D 课题的人员、R&D 课题管理人员和为 R&D 活动提供直接服务的人员。[①]

从人员组成上看，除 2012 年外，2011～2015 年中国海洋科研机构课题活动人员在科技活动人员中占比不足 70%，并且从 2012 年开始逐年下降，而科技服务人员占比波动上升（见图 1）。从人员学历结构上看，虽然 2011～2015 年博士研究生、硕士研究生占比总体有所提升（见图 2），但本科人员所占比重过多，大专人员亦存在，这都不利于开展海洋科技创新活动，众所周知，海洋科技创新研究是高精尖的科技研究，应加大博士研究生比例。从人员职称结构上看，2011～2015 年，中

---

① 万勇：《区域技术创新与经济增长研究》，经济科学出版社，2011。

国海洋科研机构科技活动人员中高级职称和中级职称人员占比有待提升（见图3）。2015年，高级职称、中级职称人员分别占科技活动人员总量的39.80%和34.10%，应大力引进高级和中级职称科研人才。

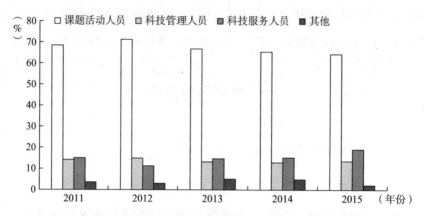

图1　2011～2015年海洋科研机构科技活动人员构成

资料来源：国家海洋局第一海洋研究所编《国家海洋创新指数报告2016》，海洋出版社，2017。

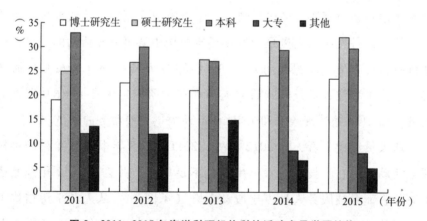

图2　2011～2015年海洋科研机构科技活动人员学历结构

资料来源：国家海洋局第一海洋研究所编《国家海洋创新指数报告2016》，海洋出版社，2017。

2. 经费投入

R&D活动是创新活动最为核心的组成部分，不仅是知识创造和自

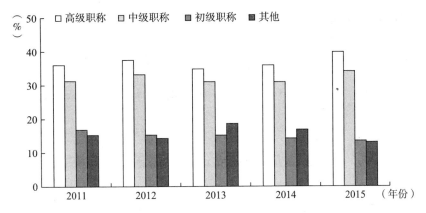

图3 2011~2015年海洋科研机构科技活动人员职称结构

资料来源：国家海洋局第一海洋研究所编《国家海洋创新指数报告 2016》，海洋出版社，2017。

主创新能力的源泉，也是全球化环境下吸纳新知识和新技术的能力基础，更是反映科技经济协调发展和衡量经济增长质量的重要指标。海洋科研机构的 R&D 经费是重要的海洋科技创新经费，能够有效反映国家海洋科技创新活动规模，客观评价国家海洋科技实力和创新能力。

2010 年以来，中国海洋科研机构的 R&D 经费总体保持增长态势。2010 年是增长最迅猛的一年，增长率达 25%，2013 年增长率最低，为 4%，2015 年的增长率较 2014 年下降近 11 个百分点（见图4）。

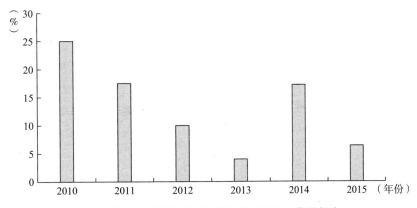

图4 2010~2015年海洋科研机构 R&D 经费增长率

资料来源：根据历年《中国海洋统计年鉴》计算。

R&D 内部经费指当年为进行 R&D 活动而实际用于机构内的全部支出，包括 R&D 经费支出和 R&D 基本建设费（见表1）。2010~2015年，R&D 基本建设费在 R&D 经费内部支出中的比例呈上升趋势，占比从2010年的5%上升到2015年的7%，体现出中国对基建投资重视程度的提高（见图5）。

表1 2010~2015年 R&D 内部经费构成

单位：亿元

年份	R&D 内部经费总额	R&D 经费支出	R&D 基本建设费
2010	195.5	186.7	8.8
2011	232.2	218.3	13.9
2012	257.7	241.0	16.7
2013	265.6	250.0	15.6
2014	310.1	292.9	17.2
2015	333.3	310.2	23.1

资料来源：根据历年《中国海洋统计年鉴》计算。

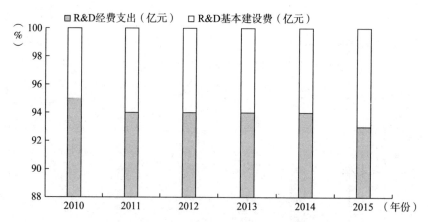

图5 2010~2015年 R&D 内部经费支出构成

资料来源：根据历年《中国海洋统计年鉴》计算。

（二）海洋科技创新产出

知识创新是国家竞争力的核心要素。创新产出是指科学研究与技术创新活动所产生的各种形式的中间成果，是科技创新水平和能力的重要体现。论文、著作的数量和质量能够反映海洋科技原始创新能力，专利申请量和授权量等情况则更加直接地反映了海洋科技创新程度和技术创新水平。较高的海洋知识传播与应用能力是创新型海洋强国的共同特征之一。

1. 科研成果数量增加

2001~2015 年，中国海洋领域科技论文总量持续增长，2015 年海洋科技论文发表数量是 2001 年的 3.84 倍，年均增长率为 10.10%（见表 2）。具体来看，CSCD 论文数量呈现波动增加趋势，发表数量存在明显转折年份，2005 年、2008 年、2012 年发表数量增量有所减少；海洋领域 SCI 论文发表数量飞速增长，尤其是"十二五"期间（2011~2015 年），中国提出"建设海洋强国"战略以来，中国在国际上发表论文的数量呈现明显的增长趋势（见图 6）。

从每年海洋科技论文发表数量的增长率来看，海洋学领域 CSCD 论文除 2004 年、2005 年、2012 年外，其他年份的论文发表数量均呈增长趋势，2015 年增长率最大；除 2005 年外，海洋学领域 SCI 论文每年发文量均出现增加，其论文发表数量的最大增长率出现在 2015 年（见表 2）。

表 2　2001~2015 年中国海洋科技论文发表数量及每年增长率分析

单位：篇，%

年份	CSCD 论文数量	SCI 论文数量	海洋科技论文数量	年增长率	
				CSCD	SCI
2001	701	112	813		
2002	791	126	917	13	13
2003	792	233	1025	0	12

续表

年份	CSCD 论文数量	SCI 论文数量	海洋科技论文数量	年增长率	
				CSCD	SCI
2004	787	298	1085	−1	6
2005	751	282	1033	−5	−5
2006	856	316	1172	14	13
2007	902	351	1253	5	7
2008	913	447	1360	1	9
2009	1096	503	1599	20	18
2010	1167	625	1792	6	12
2011	1268	669	1937	9	8
2012	1225	744	1969	−3	2
2013	1287	1014	2301	5	17
2014	1316	1261	2577	2	12
2015	1640	1485	3125	25	21

资料来源：国家海洋局第一海洋研究所编《国家海洋创新指数报告2016》，海洋出版社，2017。

图6　2001~2015 年中国海洋学 SCI 论文与 CSCD 论文数量趋势

资料来源：根据历年《中国海洋统计年鉴》统计分析。

海洋领域专利申请数量前 15 位中，专利活动年期大部分在 10 年以上，平均专利年龄大部分在 5 年以上，平均每件专利发明人数 1.59 人，中国海洋石油总公司平均每件专利发明人数达到 2.48 人。中国海洋领域专利主要申请省份中，山东因其拥有较多的涉海科研机构与大学占据首位，其次为北京，中国各地区差异明显（见表3）。

表 3　申请人综合指标

申请人	地区	专利件数（件）	占比（%）	申请人研发能力比较		
				活动年期（年）	发明人数（人）	平均专利年龄（年）
中国海洋石油总公司	北京	936	3.12	12	2323	5.1
中国海洋大学	山东	690	2.30	14	892	6.8
浙江大学	浙江	494	1.65	14	600	6.6
浙江海洋学院	浙江	470	1.57	10	412	4.3
中国科学院海洋研究所	山东	450	1.50	15	417	6.8
上海交通大学	上海	424	1.41	15	408	7.3
哈尔滨工程学院	哈尔滨	315	1.05	14	620	4.9
天津大学	天津	305	1.02	15	411	5.3
大连理工大学	大连	289	0.96	14	402	5.0
海洋石油工程股份有限公司	天津	276	0.92	11	949	4.9
中国科学院南海海洋研究所	广州	224	0.75	14	229	6.2
中国水产科学研究院黄海水产研究所	山东	185	0.62	14	222	5.9
中国石油研究中心	北京	185	0.62	8	305	7.4
上海海洋大学	上海	182	0.61	7	378	4.9
中国石油大学（华东）	山东	177	0.59	11	347	3.6

资料来源：国家海洋局第一海洋研究所编《国家海洋创新指数报告2016》，海洋出版社，2017。

2. 科研成果质量下降

从海洋学SCI论文引用次数来看，2001～2015年，中国海洋学SCI论文的总被引次数为62869次，其中他引次数为61870次，篇均被引次数最高的年份为2002年，篇均被引次数为26.54次（见表4），总体呈现下降趋势（见图7）。2001～2015年中国海洋学发表SCI论文的总被引次数呈现先上升后下降的趋势（见图8），其中2010年被引次数最高。此外，H 指数也呈现下降趋势（见图9），2015 年为最低值，说明虽然海洋学 SCI 发文数量增加，但论文质量下降。

表4　2001~2015 年中国海洋学 SCI 论文 H 指数及年度发文被引情况

年份	总被引次数（次）	H 指数	排除自引的他引次数（次）	发文量（篇）	篇均被引次数（次）	篇均他引次数（次）
2001	1834	24	1829	112	16.38	16.33
2002	3344	30	3335	126	26.54	26.47
2003	3765	31	3750	233	16.16	16.09
2004	5186	39	5152	298	17.40	17.29
2005	3786	30	3770	282	13.43	13.37
2006	4763	37	4727	316	15.07	14.96
2007	4756	36	4736	351	13.55	13.49
2008	5267	34	5245	447	11.78	11.73
2009	4971	35	4946	503	9.88	9.83
2010	5951	32	5924	625	9.52	9.48
2011	5079	27	5010	669	7.59	7.49
2012	4328	24	4278	744	5.82	5.75
2013	4410	21	4304	1014	4.35	4.24
2014	3357	16	3279	1261	2.66	2.60
2015	2072	10	1585	1485	1.40	1.07

资料来源：国家海洋局第一海洋研究所编《国家海洋创新指数报告 2016》，海洋出版社，2017。

　　中国海洋学论文发表期刊分布并不均匀，在影响因子大于 2 的期刊上合计发表论文 1728 篇，只占全部论文数量的 27%（见表5）。一区的发文量为 27%，二区的发文量为 14%，三区的发文量为 2%，四区的发文量为 57%（见图10）。这表明中国海洋学 SCI 论文数量虽然增加，但大部分都发表在质量最低的 SCI 四区。

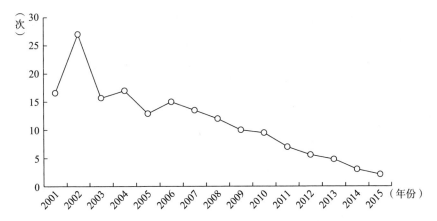

图7　2001～2015 年中国海洋学发表 SCI 论文的篇均被引用次数

资料来源：国家海洋局第一海洋研究所编《国家海洋创新指数报告 2016》，海洋出版社，2017。

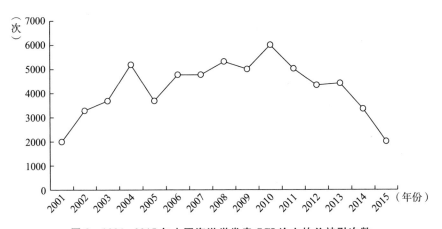

图8　2001～2015 年中国海洋学发表 SCI 论文的总被引次数

资料来源：国家海洋局第一海洋研究所编《国家海洋创新指数报告 2016》，海洋出版社，2017。

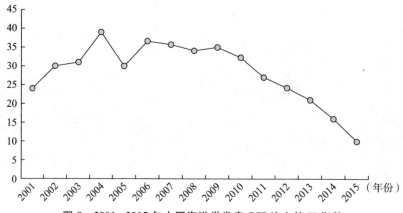

图 9　2001～2015 年中国海洋学发表 SCI 论文的 H 指数

资料来源：国家海洋局第一海洋研究所编《国家海洋创新指数报告 2016》，海洋出版社，2017。

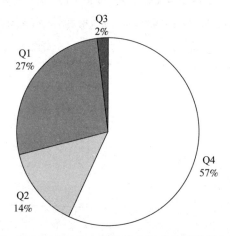

图 10　2001～2015 年中国发表 SCI 论文期刊所在分区

说明：Q1、Q2、Q3、Q4 分别指一区、二区、三区、四区。

资料来源：国家海洋局第一海洋研究所编《国家海洋创新指数报告 2016》，海洋出版社，2017。

表 5　2001～2015 年中国发表论文期刊发文量、影响因子及分区

期刊	影响因子	分区	发表论文数量
ACTA OCEANOLOGCA SINICA	0.631	Q4	1309
CHINESE JOURNAL OF OCEANOLOGY AND LIMNOLOGY	0.547	Q4	1059
CHINA OCEAN ENGINEERING	0.435	Q4	809

续表

期刊	影响因子	分区	发表论文数量
OCEAN ENGINEERING	1.488	Q1	535
JOURNAL OF GEOPHYSICAL RESEARCH-OCEAN	3.318	Q1	445
JOURNAL OF OCEAN UNIVERSITY OF CHINA	0.509	Q4	424
ESTUARINE COASTAL AND SHELF SCIENCE	2.335	Q1	284
CONTINENTAL SHELF RESEARCH	2.011	Q2	276
MARINE ECOLOGY PROGRESS SERIES	2.011	Q2	157
JOURNAL OF NAVIGATION	1.267	Q1	147
TERRESTRIAL ATMOSPHERIC AND OCEANIC SCIENCES	0.556	Q4	130
APPLIED OCEAN RESEARCH	1.382	Q2	126
JOURNAL OF OCEANOGRAPHY	1.27	Q3	120
MARINE GOLOGY	2.503	Q1	119
MARINE GEORESOURCES & GEOTECHNOLOGY	0.761	Q2	118
JOURNAL OF ATMOSPHERIC AND OCEANIC TECHNOLO-GY	2.159	Q1	117
DEEP-SEA RESEARCH PARTII-TOPICAL STUDIES IN OCEANOGRAPHY	2.137	Q2	116
MARINE CHEMISTRY	3.412	Q2	110
JOURNAL OF MARINE SYSTEMS	2.174	Q1	104

资料来源：国家海洋局第一海洋研究所编《国家海洋创新指数报告 2016》，海洋出版社，2017。

二 海洋经济发展

（一）全国海洋经济发展

中国海域广阔，气候特点千差万别，这就决定生物种类不可能完全一致。综观中国海洋资源，生物资源丰富，石油天然气储备量较高，有多处固体矿产，可再生能源充足，如果发展海岸带经济有着坚实的基础，以此为前提进行开发，未来将会不可估量。纵观以往的海洋开发历史，整体上并不乐观。自古以来中国重视陆路开发，在海洋开发方面明显不足，这也与国家的历史发展密切相关。鉴于以上种种，中国海洋开发起步较晚，相对于其他沿海国家明显落后。20 世纪 70 年代后期，中国社会发生巨大变化，海洋意识也受到影响，人们开始将目光转向海洋，资源开发利用受到重视，并且以较快的速度得到发展。20 世纪 80 年代的统计结果显示，年均增长率可达 17%；90 年代再次突破到 20%。这个惊人的成绩一直维持到 21 世纪，对中国的国民经济做出巨大贡献，海洋经济成为国民经济的重要组成部分。①

2010~2015 年，中国海洋生产总值呈现稳步上升趋势（见图 11），2010 年海洋生产总值为 39619 亿元，2015 年为 65534 亿元；2010~2015 年，中国海洋生产总值增长率却呈现下降趋势（见图 12），2010 年为 23.2%，2015 年下降为 8.0%。2015 年，全国海洋生产总值超过 65000 亿元，同比增长 8.0%。在国内生产总值中，近 10% 是由海洋生产总值贡献（见表 6），在沿海地区这一比例甚至超过 16%。全国有大量涉海就业人员，总数超过 3500 万人，比上年增加 34.8 万人。2015 年，中国沿海 11 省份中广东省海洋生产总值最高，为 14443.1 亿元，海南省最低，为 1004.7 亿元，沿海 11 省份海洋生产总值地区差异明显（见图 13）。

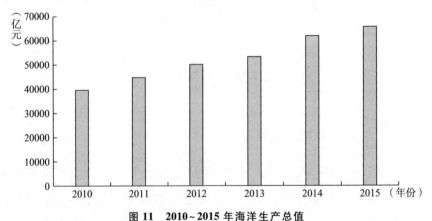

图 11　2010~2015 年海洋生产总值

资料来源：根据历年《中国海洋统计年鉴》统计。

---

① 国家海洋局编《中国海洋统计年鉴 2010》，海洋出版社，2011。

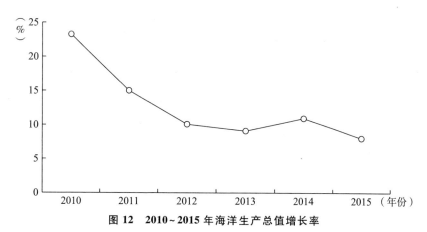

图 12 2010～2015 年海洋生产总值增长率

资料来源：根据历年《中国海洋统计年鉴》计算。

表 6 2010～2015 年中国海洋经济生产总值占 GDP 的比例

单位：亿元，%

年份	海洋生产总值	增长率	占 GDP 比例	GDP 增长率
2010	39619	23.2	9.7	10.4
2011	45580	15.0	9.7	9.3
2012	50172	10.1	9.6	7.7
2013	54718	9.1	9.5	7.7
2014	60699	10.9	9.4	7.4
2015	65534	8.0	9.6	6.9

资料来源：根据历年《中国海洋统计年鉴》计算。

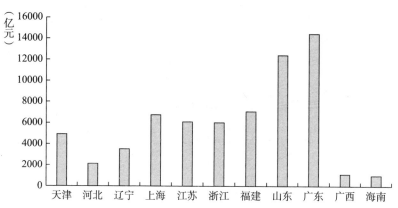

图 13 2015 年沿海地区海洋生产总值

资料来源：根据历年《中国海洋统计年鉴》统计。

（二）主要海洋产业发展

2008~2015年，中国海洋生产总值稳步增长，其中以第二、第三产业生产总值增长最为明显（见图14）。2015年，主要海洋产业实现增加值26839亿元，比上年增长6.1%，占海洋生产总值的41.0%，滨海旅游业和海洋交通运输业仍占主导地位（见图15）。

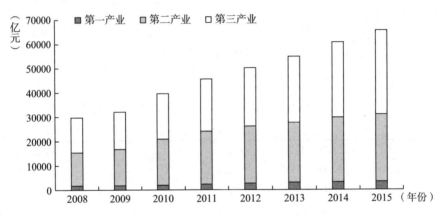

图14 2008~2015年海洋生产总值及三次产业构成

资料来源：根据历年《中国海洋统计年鉴》统计。

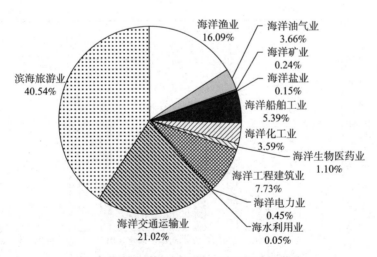

图15 2015年全国主要海洋产业增加值构成

资料来源：根据历年《中国海洋统计年鉴》统计。

海洋第一产业。2013~2015年，海洋渔业保持平稳发展态势，海洋水产品产量稳步增长，海水养殖及远洋渔业生产能力持续提高。2015年，海洋水产品产量为3190.4万吨，比上年增长3.1%。其中，海水养殖产量达到1875.6万吨，比上年增长3.5%；海洋捕捞产量较2014年也有所提高，为1314.8万吨，比上年增长2.7%（见图16）。2015年，海水养殖面积为231.8万公顷，比上年增长0.5%。远洋渔船数量达到2512艘，比上年增加2.1%；总功率达到215.7万千瓦，比上年增长6.5%。2015年，山东省的海水养殖量最高，为500万吨，浙江省的海洋捕捞量最高，为337万吨（见图17）。

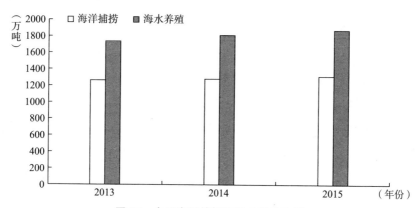

图16　全国海洋捕捞和海水养殖产量

资料来源：根据历年《中国海洋统计年鉴》统计。

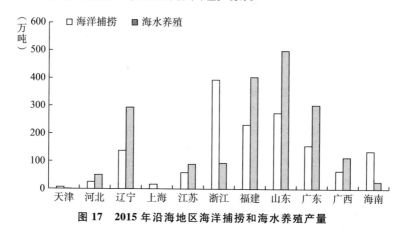

图17　2015年沿海地区海洋捕捞和海水养殖产量

资料来源：根据历年《中国海洋统计年鉴》统计。

海洋第二产业。2015 年，中国海洋油气产量增长趋势未减，仍然保持原有状态，全年增加值接近 100 亿元，同比增长超过 2%。2015 年国际油价持续走低，多重因素对其产生影响，在此背景下仍实现全面增长，原油产量接近 5500 万吨，同比增长超过 17%（见图 18），天然气产量增长趋势同样十分明显，总量超过 147 亿立方米，同比增长超过 12%（见图 19）。海洋矿业保持稳定增长，全年实现增加值 63.9 亿元，比上年增长 7.6%。海洋矿业产量省份细分情况如图 20 所示，其中浙江省优势较为明显。海洋盐业产能过剩情况严重，消费需求不足，行业效益出现明显下滑，全年实现增加值 61 亿元，比上年减少 25.4%。沿海省份海盐产能情况如图 21 所示，可以看出山东省的海盐产能尤为突出，提供了全国 70% 以上的海盐产出。海洋化工业增长形势显著，2015 年增加值接近 100 亿元，同比增长超过 12%。从海洋生物医药业情况来看，呈现明显增长趋势，2015 年增加值接近 300 亿元，增长比例与海洋化工业相当。综观海洋电力，增长速度未曾放缓，2015 年海上风电场建设如火如荼，呈现有序推进状态，年度增加值超过 12 亿元，增长比例达到 13%。海水利用业发展越来越好，增长情况平稳，呈现持续向好态势，2015 年增加值同比增长接近 10%，总数超过 13 亿元。海洋船

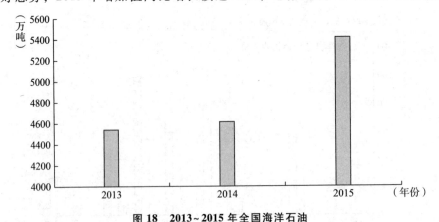

图 18　2013~2015 年全国海洋石油

资料来源：根据历年《中国海洋统计年鉴》统计。

舶工业发生巨大变化，转型升级成效日益凸显，淘汰落后产能进度逐渐加大，但对未来的形势仍不能忽视，该产业2015年增长比例接近1.5%，其值接近1500亿元。2015年沿海地区海洋造船完工量如图22所示。海洋工程建筑业同样不容忽视，发展速度超过许多其他海洋产业，2015年实现增加值2073.5亿元，比上年增长13.1%。

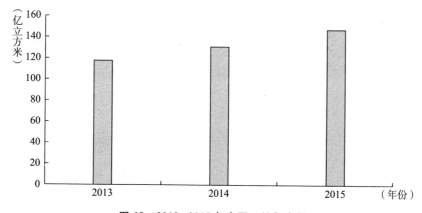

图19　2013~2015年全国天然气产量

资料来源：根据历年《中国海洋统计年鉴》统计。

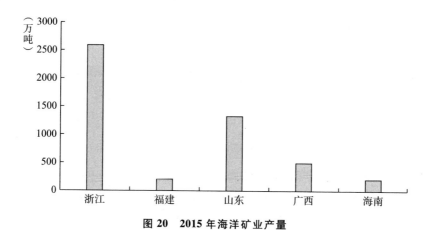

图20　2015年海洋矿业产量

资料来源：根据历年《中国海洋统计年鉴》统计。

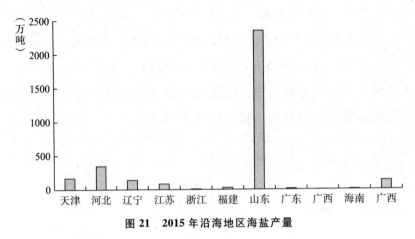

图 21 2015 年沿海地区海盐产量

资料来源：根据历年《中国海洋统计年鉴》统计。

海洋第三产业。2015 年统计结果显示，中国沿海港口生产态势良好，仍处于不断发展状态，但也无法避免受全球经济影响。综观世界状况，经济增长放缓大趋势未曾改变，由于受供需失衡问题持续存在的影响，国内航运市场仍在低迷状态徘徊，尚无法实现全面复苏。2015 年海洋交通运输业保持发展态势，年增长率接近 8%，增加值超过 5500 亿元。港口货物吞吐量 814728 万吨，比上年增长 1.4%。从沿海地区货物周转量来看，上海、广东、浙江、辽宁位于第一梯队，江苏、福建位于第二梯队，其他省份位于第三梯队（见图 23）。集装箱吞吐量的省份分布与货物周转量类似，但山东有较为明显的提升（见图 24）。滨海旅游产业规模继续扩大，沿海地区不断拓展海洋旅游新项目，提升海洋旅游服务质量和水平，海洋邮轮游艇旅游发展成为海洋旅游消费新热点。2015 年主要沿海城市接待入境旅游者人数 4064.1 万人次，比上年增加 177.5 万人次（见图 25）。其中港澳台入境游客占 56.9%，是主要的客源市场，滨海旅游业全年实现增加值 10880.6 亿元，比上年增长 11.5%。

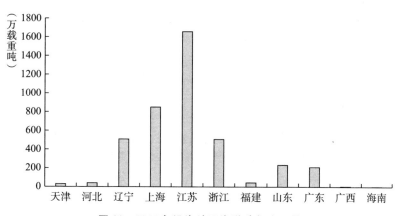

图 22　2015 年沿海地区海洋造船完工量

资料来源：根据历年《中国海洋统计年鉴》统计。

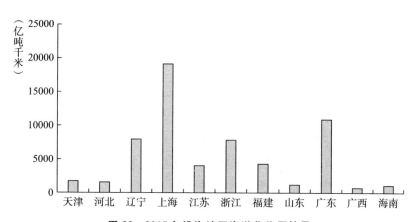

图 23　2015 年沿海地区海洋货物周转量

资料来源：根据历年《中国海洋统计年鉴》统计。

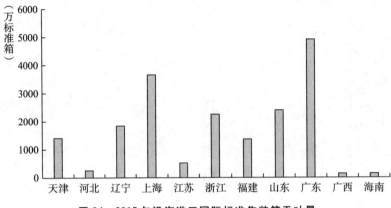

图 24　2015 年沿海港口国际标准集装箱吞吐量

资料来源：根据历年《中国海洋统计年鉴》统计。

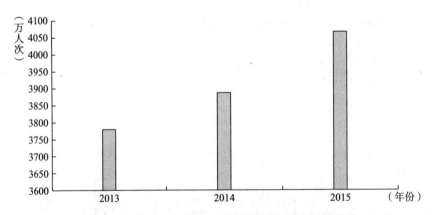

图 25　2013~2015 年主要沿海城市接待入境旅游者人数

资料来源：根据历年《中国海洋统计年鉴》统计。

三　阻碍海洋科技创新驱动海洋经济高质量发展的问题分析

（一）海洋科技创新投入总量不足

　　长期以来中国海洋科技经费不足情况较为严重，海洋科技创新投入总量较少、水平较低，这将不利于中国海洋科技发展，是海洋经济高质量发展的主要制约因素。国家重视科技投入，在许多产业方面投入力度较大，但海洋科技并不包括其中。纵观近些年相关投资状况，整体呈现不断增长态势，但在全国科技投入方面所占比例较低，增长速度明显较慢，投资数量严重不足。从国家主体性科技计划项目情况来看，针对海洋发展的资金所占比例较低。虽然海洋科技投入不断增长，但速度相对缓慢，与其他产业存在较大区别，导致彼此之间的差距日益增大。中国始终注重科技发展，力图走科技强国之路，因此在研发投入方面强度较高，未来有望超过发达国家平均水平，这是一个可喜的现象，但在海洋科技投入方面则存在不足，必然会成为今后的短板。

（二）海洋科技创新投入结构和配置不够合理

海洋科技投入结构不合理。一是纵观海洋经济各环节，产前产中环节是科技投入的主要领域，产后环节往往被忽视。这是影响海洋经济高质量发展的制约因素，需要加以调整，使投入逐渐向产后环节倾斜，提高投入配置合理性。二是从研究类别看，应用研究和试验与开发研究是投入的主要方向，而基础研究往往被忽视。究其原因，与前两类研究和市场的紧密程度密切相关，这两类研究因回报迅速而受到关注。这种配置虽然能够迅速见效，但必然会导致基础研究薄弱，影响中国海洋科技发展，使其难以获得创新性突破，未来缺乏发展潜力，科技创新受到影响，长此以往不利于全面进步，必然会制约海洋经济高质量发展。

（三）政府角色定位矛盾与行为偏离

海洋科技投入较大，回报周期较长，导致许多社会资本不愿参与，政府科技投入发挥主要作用。中国目前处于特殊时期，科技政策不断调整，体制改革如火如荼，政府角色定位发生变化，但仍存在一定问题。1949 年以后，中国一直实行计划经济体制，其影响始终存在。国家重视海洋科技投入，出台相关政策给予鼓励，力图发挥促进作用，但始终存在不足，激励机制不健全，其有效性大打折扣，政府承担着各项职责，市场调节效果难以发挥出来。一些科技产品本应由私人部门提供，但实际上仍依靠政府财政投入，导致政府负担不断加重。综观目前情况，政府的科技投入政策问题重重，过度投入情况始终存在，管得过多现象十分普遍，大量财政资金用在了不应涉入的领域，如海洋应用技术开发，本应由私人企业和商业部门进行，但政府科研部门却参与其中，出台各项政策为自身创收，利用政府资源为自身谋利益。

（四）海洋科技管理体制有待进一步完善

综上所述，中国海洋科技管理体制存在诸多问题，需要进行重大改革，目前虽然经过了多次尝试，所取得的效果清晰可见，但仍然未从根本上解决问题，必须对此有深入认识。

缺乏有效统筹协调机制。中国长期延续的海洋科技管理体制源自20世纪80年代，仍然以行政管理制度为主，多个行政部门各自负责，管理上相对封闭，呈现条块化状态。这种体制虽然符合当时的要求，但在新世纪其缺陷日益凸显，行政依附性带来诸多弊端，管理体制需要改革。在这种大背景下行政部门各自为政，管理上交叉重叠，存在许多不合理现象。经费管理受到诸多限制，难以达到最优化配置，不利于未来的科技创新，会影响技术发展。

四　海洋科技创新促进海洋经济高质量发展对策

（一）加大海洋科技创新的投入力度

海洋创新对于国家的未来发展至关重要，是建设"海洋强国"的基础所在，需要充分发挥国家力量，给予资金支持，加大投入力度，加强机构建设，实施海洋领域科技计划。要通过科研体制机制创新，调动各方面积极性，主动承担研发工作，争取国家专项经费支持。海洋经济的发展与当地政府密切相关，只有提高其认识程度，加大投入力度，才能促进区域海洋经济发展，对区域海洋产业具有重要的作用。中国有漫长的海岸线，各区域经济发展程度不同，海洋资源各异，彼此间具有明显差别，如何能够更好地促进区域海洋经济发展，当地政府往往起到重要作用。

第一，加大海洋科技资金投入力度。需要落实中央政策，真正将法律法规应用于海洋技术发展当中，在资金方面给予支持，建立稳定增长机制，确保海洋科技投入呈现持续增长状态。海洋经济的发展可以带动地方经济进步，并且这种形势已日渐明显，对此要有充分认识，将海洋科学研究提上议事日程，充分认识到其重要性，同时也要考虑开发风险，需要在二者之间寻求平衡，立足当地实际状况，确定合理的投入比例。其经济发展状况较好的地方，政府可建立专项资金，主要用于海洋创新，促进经济水平提升，加强成果转化，重视生态环境，提高保护力度。研发投入是技术创新的保障，需要不断加大力度，同时提高管理水平，合理评价效益，完善监督机制，确保经费能够有效利用，对经费的运用要进行全程跟踪，有效评价，建立绩效考评体系，完善追踪问效机制。

第二，加快海洋成果转化。海洋企业是海洋技术创新的主体，在成果转化过程中起到重要作用，同时也是最终的受益者。政府要在其中发挥积极作用，充分利用财政优势，起到引领效果，鼓励企业加强投入，不断提高企业投入比重，从而使企业成为技术创新投入的主体。可以利用各项优惠政策，采取多项措施，提高创新投入，发挥各方面力量，如针对中小型企业可以建立创新基金，给予重点支持，鼓励其自主创新，立足于市场需要开发产品。对于已经取得成果的研究中心要给予资金支持，加大政策优惠，通过这种方式不断鼓励其进行成果转换，政府部门还可以率先订购，给予企业更多支持。

第三，培养多层次的海洋科技人才。海洋科技创新需要人才，科研人员的培养是人才保障的基础，海洋科技教育在其中发挥关键性作用，从目前情况来看提升空间较大。国外在此方面起步较早，普遍重视人才培养，积累了丰富经验，可以为中国所借鉴。我们可以利用各级海洋实验室，加强专业化建设，重点培养人才，同时参与相关课题研究，建立多个平台，促进人才流动，共享各方资源，为海洋科技创新提供支持。培养海洋科技人才首先需要从教育入手，职业教育往往是重要手段，通过这种方式获取技能型人才，为海洋产业发展做准备，要建立完善的高技能人才培养体系，海洋产业发展离不开高技能人才，因此必须立足于自身，以现实需要为依据，加强人才培养，扩大建设规模，做出正确引导，建立人才评价体系，根据实际评价结果确定人才工资福利收入，推荐人才参加资格认证考试，充实高技能人才队伍，提升他们的国际竞争力。

（二）调整海洋科技整体布局

在海洋科技创新体系中，政府的作用不容忽视，政府发挥引导作用，在宏观上加以把控，有效协调各方，为海洋科技创新创造有利条件。海洋科技创新活动具有特殊性，既具有高外部经济性，同时又具有公益性特征，需要在这两方面达到平衡。与其他经济因素的区别使其难以完全通过市场调控达到最优状态，必须充分考虑社会需求，如何做到这一点就需要政府发挥作用，有效加以引导，全面进行调控。加强政府职能转变，充分发挥其作用，维护市场稳定，宏观调控科技创新实施方案，有效建立管理体系。在"海洋强国"建设背景下，为凸显海洋科技的支撑地位，就需要专业的委员会进行领导，站在宏观的角度统筹安排，加强海洋资源优化配置。为强化协调和决策能力，委员会主要由各部门的负责人及专家组成。该组织需要负责统筹规划，在中国现有的基础上进行安排，确定未来目标，制定战略规划，实施有效政策，进行宏观监督，全面进行调控，实现整体调整，推动海洋科技创新工作顺利展开，使其能够快速发展并沿着健康的道路前行。中国海洋研究同样要加强国际合作，委员会这一组织在其中起到重要作用，它既是组织者又是联系人，同时又负责作出最终决策，使国际合作顺利进行，发挥协调作用，领导各种海洋科技研究项目，并且提供支持，确保海洋开发能够顺利进行、持续发展；适应国际海洋高技术化特征，了解其多学科交叉状况，充分利用自有资源，加强海洋科技创新，促进其可持续发展；打破既有界限，突破地域限制，实行多部门交叉合作，通过科研机构进行重新布局，调整职责分工，改变既有局面，集中各方科研力量，充分利用资源；打通信息沟通渠道，促进信息全面畅通；合理配置科技资源，有效进行资源整合。通过上述方式调整科技力量，完善合理布局，可以从如下方面入手。

第一，整合和重组资源。要以中国国情为出发点，立足实际，打造科研基地，并以此为中心开展技术创新，为国家做出贡献。从中国目前发展情况来看，存在三大区域性海洋经济区，各自具有一定特征，是海洋经济的核心部分，为海洋经济发展提供全面支持。综观目前国内海洋经济发展状况，主要集中于少数领域，其中长三角和珠三角是中国经济发展最好的地区，区域经济呈现聚集性特征。而从中国的海域资源情况来看，由于海岸线漫长，南部、北部、中部地区存在显著差异，生态环境明显不同，因此在发展产业时侧重点并不统一。海洋创新必须依据当地实际情况，结合地理环境特征，充分考虑区域内产业状况，在原有的科技基础上加以发展。各地区海洋科技力量分布不同，发展过程中要加以兼顾，根据各地特色有所侧重，形成差异性研究领域。

第二，合理布局，充分发挥地方的作用，建设海洋创新机构。根据当地实际情况，合理设置发展区域海洋产业，建设研究机构，加速成果的研究及转化，站在地方的角度进行创新研究，弥补国家级基地不足，满足区域内需求。不同级别研发机构分工明确，优势互补，建立有效联系，从而更好发挥作用。国家级基地科技创新的重点领域在于基础研究和前沿技术方面，需要在此加大力度，有效开发，提升自身实力。从研究范围来看，包含领域较为广泛，除了注重浅海技术研究，同时也应向深海发展，极地区域更不容忽视，这些都是海洋产业发展的有利方向。加强产业技术调整，有力开发实用技术，不断创新，迅速突破，促进海洋产业发展，为之提供技术支持，有利于提升区域经济，实现全面进步。促进地方性海洋科技发展，建立创新机构，提高科研水平，将其与生产经营联系起来，建立一体化系统，在技术开发方面加大力度，同时注重服务，充分发挥企业的作用，实现科研成果转化，促进实用技术的提升。

第三，调整海洋科研力量，进行重新布局。近些年，中国重视海洋科研发展，相关机构研究力量较为雄厚，但是并没有被充分利用起来，需要进行优化重组，充分发挥他们的作用。从目前情况来看，许多问题现实存在，内部矛盾重重，涉及范围广泛，体制上有诸多制约因素，财务方面也存在各种阻碍，问题错综复杂，彼此相互影响，解决难度较大，需要花费一定的时间与精力。面对上述情况，需要全国性领导机构统领全局，宏观协调，平衡各利益者之间的关系，获得他们的理解与支持。只有这样才能够解决问题，真正促进任务的完成。优化重组全国海洋科技研究力量势在必行，但实施中难度较大，首先要完成组织动员工作，并且落实到实践当中，最终消化吸收，短时间难以完成。

（三）完善海洋科技创新法律法规

从海洋科技创新驱动海洋经济高质量发展理论与实践情况来看，法律的支持必不可少，只有建立良好的法治环境才能为之提供保障。目前发达国家普遍制定了完善的法律，以保护科技创新，促进其进一步发展；同时，它们还在科技投入等方面制定法律法规，将其应用于实践当中，使其成为科技创新的保障，从而发挥更积极作用。中国需要对此重视起来，借鉴他国经验，立足自身，以可持续发展为核心，加强法规建设，通过完善相关法律法规，提供良好法治环境，保证科技创新顺利进行。原有法规如果存在缺陷，可制定新的法规加以弥补，对各地采取鼓励的态度，加速科技资源整合，并且在地方性法规上进一步完善，从而更好地保证科技创新工作顺利进行。

法治建设是科技创新的重要保障，同时政府也要充分发挥作用，在多方面给予支持。企业技术进步需要多方支持，政府在其中应该发挥重要作用，出台相关财税政策，给予适当优惠，提高企业积极性，从而发挥正面效用。发达国家普遍重视高新技术产业。发达国家政府会充分利用自己的力量，给科研院所以全方位支持，使其能够致力于产业技术开发，免除其后顾之忧，这些机构还可以转让成果，以此来获取更多资金，用于自身生产和创新，同时也加快了成果转化。国家的各项政策有助于科技创新，对于中国来说同样如此。未来，对于海洋科技的需求越来越大，我们需要立足于实际，从多方面进行发展，完善各项配套政策，促进其全面发展。还可以通过创新基金的方式促进科技成果转化，建立政策支持体系，保证海洋科技稳定发展，高效运行。

加快推进中国海洋科技创新，法律支持必不可少，必须要更新观念，有效落实相关政策法规，促进科技创新。发挥政策的作用，起到激励效果，加大执法力度，有效进行宣传，确保其充分实施，从而能够促进高科技发展。国家出台相关政策，促进科技创新，同时要不断加大力度，发挥双轮驱动作用，使海洋科技能够更好地发展，激励其不断进步。充分发挥科技创新的作用，提高其对海洋经济的影响，从而拉动国家经济，促进区域经济发展，达到全面进步的目的。

对于海洋科技创新来说，政策支持十分重要，必须要加强制度建设，使其充分发挥作用，这样才能使科研发展迅速，更多成果涌现出来，提高成果转化率。政府在此应该起到积极作用，加强政策支持，制定各种制度与法规，保护科研成果，提高技术创新效果。法律体系的完善至关重要，只有这样才能保证海洋科研有效进行，加强成果推广，完善服务体系，落实知识产权制度，对其进一步优化，维护市场环境，保证制度实施。技术创新与风险并行，有可能存在诸多不确定性，因此政府需要全面把控，有效减少风险，可以引入非市场方法，发挥推动效果，实现宏观调控，完善相关法律，改善创新环境。海洋科技创新离不开政府支持，各项政策的出台可以发挥关键作用，制度的制定至关重要，其依赖性不容忽视。政府要在宏观上加以把控，制定各项公共制度，为技术创新提供条件，同时保证创新者收益，避免冲突发生。政府曾出台各项政策激励技术创新，力图从多角度发挥作用，取得了一定成果，同时要注重相互配合，起到相互辅助的作用，从而促进技术创新，建立完善有效的政府政策体系。

（四）构建海洋科技研发机制

目前，海洋科研管理体制中存在诸多问题必须面对。首先，在科研机构方面，重叠现象较为普遍，存在地域差别，力量较为分散，导致管理混乱，多层管理难以避免。这些将不利于科技创新，对人员的激励作用欠缺，投入明显不足，难以获取足够创新资源，问题重重，相互脱节现象需要面对。其次，现有管理体制存在问题，配套机制不完善，必然会阻碍海洋经济发展，难以满足新阶段要求，无法保证技术成果有效转化，对此必须重视起来，立足自身，寻找规律，有效进行发展，促进体制改革，建立新的机制，发挥积极作用，产生正面效应。

第一，强化海洋科研机构内部管理。深化体制机制改革，传统的管理体制存在诸多弊端，既有的制度并不完善，无法满足现实需要，深化改革势在必行。必须要坚持原则，有效分工，加强协作，提高效率，优化布局，合理调整各科研机构，大力推进改革步伐，使其发生转变。加强制度创新，以此作为突破口进行改革，充分发挥市场的导向作用，促进运行机制的转变，进行结构调整，使其功能更为全面。发达国家起步较早，积累了丰富的经验，这些经验都可以为我所用，促进宏观管理机制的调整，使其在海洋科技方面发挥作用。完善政府职能，加强海洋科研管理，集中各方力量，提高管理效率，避免资源浪费，改变以往的低水平重复现象，促进科技进一步发展。聘请海洋科研人员进行管理，引入选拔制度，吸引各方人才，采取合理政策，充分发挥科研绩效的作用，将其与岗位工作挂钩，制定完善分配制度，改善晋升制度，从而产生激励作用，促进技术创新。原有的科研立项制度并不完善，管理问题重重，必须要加大力度进行改革，废除陈旧的规章制度，立足实际，为创新铺平道路，打破原有的分割局面，各部门要通力协作，避免重复设置的情况。管理制度上需要进一步完善，着力改革，建立有效立项机制，提高管理水平，加强项目评估。许多发达国家在项目管理上水平较高，可以借鉴它们的经验，引入市场竞争机制，有效调整配置，充分利用海洋资源，完善招标制度。科研人员在其中起到主要作用，由他们负责制订计划，提出申请。经费的审批需要一系列过程，从评估到落实有严格的程序，实施过程中必须遵守。重视知识产权，提高其在评价中的比例，同时与奖励挂钩，加强职务考核，突破陈旧观念，在数量与质量方面有所提高，这将有助于全面了解单位或个人的能力，从而进一步完善激励机制，使其发挥正面效用。

第二，提升国家海洋科学创新平台。推进海洋科技发展是大势所趋，也是未来的主要方向，需要立足实际，调整研发力量布局，充分利用各种资源，使其更有效地发挥作用，在中国北、中、南三大国家级核心海洋科技研究基地框架内，依托创新主体，建立各级实验室，完善运行趋势，使其充分发挥作用，突破原有局限性，消除体制障碍，使各主体之间建立有效联系，形成创新载体，建成中国海洋基础与应用研究和高技术研发与产业化基地、高层次人才培养基地，推动国家海洋科学创新平台体系的建立，满足合理性要求，使其充分发挥功能，增强自身竞争力，从而在国际中争取更高的地位，所有这一切都是为了实现国家的战略目标，与中国的国家利益密切相关。这些机构要充分发挥作用，立足自身，努力提高技术水平，为未来的发展提供动力。

　　第三，建设海洋科学创新公共服务平台。海洋研究配套大装备在科学创新中至关重要，其包括诸多方面，从远洋考察船舶到深度潜水器等都需要建设，从而满足深海研究需要，在极地考察中也会发挥重要作用。除此之外应尽快构建海洋实时观测系统，确保其有效落实，完善建设计划，加强设备仪器的管理，从而满足研究需要，提高研究效率，更好地利用各方资源。加强海洋信息资源中心建设，完善各种共享平台，落实共享机制，从而更好地利用资源，改变已有的分散局面，突破封闭状态，加强整合，提高利用率。

　　第四，增强产学研合作创新机制。海洋科技创新离不开海洋研究，成果转化至关重要，因而需要与企业相结合，采取合理方式，推动其进一步发展。产学研结合至关重要，这是创新的基础与源泉，能够有效利用各方资源，发挥各自优势，实现顺利衔接，使各环节都能够有效发挥作用，产生促进效果，推动科技创新，加快效率的提升，从而更好地实现成果转化，展现出市场价值。美国在此方面起步较早，经验较为丰富，该国注重海洋教育，大力发展海洋科研，同时又加大力度推广研究成果，实现成果转化，这些都可被中国所借鉴。我们必须要完善相关制度，调整协调机制，加强各部门通力合作，允许部门之间合并，充分发挥政府的作用，统筹安排，出台各项政策，鼓励企业进一步行动，发挥各科研院所的作用，使大专院校能够参与进来，加强海洋开发，促进科技发展，进一步推动产学研合作。产学研代表着不同的社会分工，从教育到科研再到生产都隶属其中，这样能够更好地利用资源，在功能上加以完善，发挥协同作用，符合集成化特征。通过这种方式建立合作平台，使各方主体能够参与其中，充分发挥利益动力的作用，实现良性互动，促进共同发展，从而带动海洋科技创新，产生正面效应。

（责任编辑：王圣）

乡村振兴战略与海岛生态旅游互促发展

——以烟台市养马岛为例

汤　娜　潘永涛[*]

摘　要　养马岛作为"仙境烟台第一走廊"东部起点、烟台滨海一线文化旅游带的重要一环，在烟台市文旅产业中占据重要位置，发展前景广阔。虽然具有自然资源和文化资源的双重优势，但养马岛的旅游产业发展依然没有摆脱低附加值、低黏性、高生态环境压力的传统观光旅游模式。其主要原因在于定位不清晰、产品创新不足、旅游人才缺乏。为此，本文在综合调研的基础上提出乡村振兴战略与海岛生态旅游互促发展的解决方案，以品牌文化建设强化目标定位、以精品项目打造提升产品质量、以旅游人才队伍建设提升服务质量，以期为海岛地区乡村振兴战略实施提供借鉴。

关键词　乡村振兴战略　生态旅游　海岛旅游

引　言

在党的十九大报告中，习近平总书记着重提出了"乡村振兴"战略，这是为实现全面建设社会主义现代化国家的重大历史任务及全面建

* 汤娜，青岛大学硕士研究生，主要研究领域为乡村振兴、海洋旅游经济。潘永涛，副教授，青岛大学旅游与地理科学学院硕士研究生导师，主要研究领域为旅游目的地开发、乡村旅游、会展经济、导游服务与线路开发。

成小康社会的宏伟目标所做出的重大决策。乡村振兴战略能够解决现阶段发展中农业、农村、农民所构成的"三农"问题，成为当代"三农"工作的总抓手。习近平总书记在党的十九大报告中明确指出，现阶段"三农"问题是关系国计民生的根本性问题，全党工作的重中之重就是必须解决好"三农"问题，因此必须实施好乡村振兴战略。当前，城乡发展不平衡是中国最大的发展不平衡问题，农村发展不充分也是中国最大的发展不充分问题。在党的二十大上，习近平总书记强调，"全面推进乡村振兴……坚持城乡融合发展，畅通城乡要素流动。加快建设农业强国，扎实推动乡村产业、人才、文化、生态、组织振兴"。全国各级要扎实、稳步推进乡村振兴工作有序开展。农业农村现代化是社会主义现代化非常重要的一部分，农村经济建设也是我们社会主义经济建设中不可或缺的一部分，因此，乡村振兴战略作为"三农"工作的重要抓手，和社会主义现代化建设有着紧密的关联，它不仅能够解决当前社会中存在的重要矛盾，从而更好地推动农村经济发展，而且能够有效缩短城乡发展建设的差距，从而达到社会均衡发展的效果。在 2022 年全国两会调查结果里，"乡村振兴"关注度位居第八。2018 年中央一号文件全面部署了如何实施乡村振兴战略，构建了创新的农村融合发展体系，将农村的第一、第二、第三产业联合发展，着力发展乡村特色产业，特别是乡村旅游业，打造一批包含休闲农业和乡村旅游的精品工程。2020 年中央一号文件提出进一步要求，要依托农村绿水青山、乡土文化、田园风光等当地资源，大力发展一批包含度假休闲、观光旅游、新兴农业、农业体验、乡村手工艺以及养老、养生等方面的新兴产业，使之成为让农村更加繁荣、让农民更加富裕的支柱。旅游业是乡村振兴战略很好的一个着力点。

生态旅游作为旅游业的重要分支，一直是旅游业的重要组成部分，它是指以生态文明建设和自然环境保护为前提，以野生动植物、自然景观以及民俗文化为主要资源的旅游项目。国际自然与自然资源保护联盟

（IUCN）生态顾问谢贝洛斯·拉斯喀瑞（H. Ceballos-Lascurain）在文章中首次使用"生态旅游"（Ecotourism）一词，生态旅游的旅游对象是自然生态环境，旅游是不对自然产生影响的活动方式。① 生态旅游涉及多个社会层面和领域，具有多层次的重要内涵，包括自然、文化和社会三个方面，对于社会经济、旅游产业等具有广泛的意义。在概念界定方面，国际上尚未有统一的定义。中国旅游学界普遍认为，生态旅游是在自然环境保护和文化遗产传承的基础上，以自然资源、文化资源、社会资源为主要内容，以可持续发展为理念，强调旅游资源的保护、开发和利用，以及以旅游者的教育、体验和参与为目的的旅游活动。②

　　海岛旅游（Island Tourism），一直是旅游业的重要组成部分，也是旅游学界重点研究的领域。刘晗笑等③、应巧燕④、张立生⑤提出海岛旅游拥有十分广阔的市场空间；李静⑥、宋国琴⑦针对海岛旅游产品的开发进行分析研究；胡佳佳和尹庆玲⑧、巫丽芸等⑨、林东⑩围绕海岛旅游生态以及可持续发展提出建议。海岛旅游以其特有的沙滩、海滨、海空、海底、海面、特色渔村等为依托，集餐饮、度假、购物、娱乐、观赏、考察、体验等于一体，凭借海岛所独有的自然景色和人文景观吸引

---

① 　H. Ceballos-Lascurain, "The Future of Ecotourism," *Mexico Journal* 12 (1987): 13-14.

② 　左迪：《旅游扰动下传统村落社会—生态系统的适应性研究——以安徽黔县宏村为例》，博士学位论文，华东师范大学，2022。

③ 　刘晗笑、邵冠瑛、周彬：《山东半岛海岛旅游市场调研分析》，《经贸实践》2018年第10期。

④ 　应巧燕：《全域旅游视角下舟山市海岛旅游开发研究》，硕士学位论文，浙江海洋大学，2017。

⑤ 　张立生：《南海三沙岛屿旅游开发内陆市场偏好研究——基于郑州市场的调查》，《地域研究与开发》2013年第4期。

⑥ 　李静：《主题海岛旅游产品开发研究——以长岛县北五岛为例》，硕士学位论文，山东师范大学，2018，第59页。

⑦ 　宋国琴：《浙江海岛旅游产品结构优化策略选择》，《商场现代化》2006年第14期。

⑧ 　胡佳佳、尹庆玲：《浅析我国海岛旅游可持续发展》，《现代经济信息》2017年第16期。

⑨ 　巫丽芸、何东进、游巍斌等：《福建东山岛灾害生态风险的时空演化》，《生态学报》2016年第16期。

⑩ 　林东：《基于生态足迹的海岛旅游生态安全评价模型研究》，《内江师范学院学报》2012年第12期。

游客，使游客既能享受到海岛的自然风光，又能体验到异质生活与文化。特别是在近几年，海岛旅游已经成为相当受欢迎的出行选择，明媚的阳光、和煦的海风、湛蓝的天空、美味的海鲜，都让游客流连忘返。不论是去太平洋海岛的奢华游，还是去附近东南亚海岛国家的高端游，抑或是去国内海岛的经济游，都成为现今游客的热门选择。海岛生态旅游融合了生态旅游与海岛旅游的特点，是以可持续发展为理念、以生态环境保护为前提，依托海岛地区自然生态优势逐渐形成的旅游新业态。

海岛生态旅游开发的意义在于，它既能够满足现代人们对于旅游产品个性化、多样化、高端化的需求，又能够对当地的生态环境进行很好的保护，还能够促进海岛经济的繁荣，促使当地居住环境软硬件设施升级，使当地居民经济收入提高，生活条件改善，获得切实利益，最终达到乡村振兴与海岛生态旅游互进互促的目的。

一 养马岛文旅产业资源及发展现状

（一）养马岛环境概况

养马岛（又名莒岛、象岛），位于距烟台市区以东约 30 公里、牟平区以北约 9 公里的黄海中，陆域面积 12.98 平方公里，海域面积 53.2 平方公里，岛岸线长 22.9 公里，辖 8 个行政村，居民 2467 户 8094 人。该岛四面环海，不靠陆地，但是距离陆地很近，原有一座长堤与大陆相连，后因环境问题将长堤拆除，现仅留一座养马岛大桥与陆地相连供交通使用。养马岛大桥于 2004 年建成，连接养马岛与牟平区宁海镇，是胶东地区最大的跨海拱桥。养马岛交通位置十分便利，距威海约 120 公里，距大连约 40 公里。养马岛是省级旅游度假区、国家 4A 级旅游景区，享有"东方夏威夷""北方小马尔代夫"之美誉。相传秦始皇东巡钦定该地为皇家养马地，养马岛因此得名，在这里孕育形成了秦马文化、祭祀文化、海洋文化、美食文化，拥有深厚的历史底蕴。

（二）养马岛文旅产业资源分析

1. 自然资源

养马岛上一条山脉横贯东西，地形狭长，为东北西南向，岛的北部陡峭，多礁石，海岸线曲折；南部平缓，沙滩、泥滩错落其间，养马岛的"一岛三滩"之誉由此而来。养马岛地貌以丘陵为主，由十余座小丘连成一线，有四条河流在前海地区汇聚，并由此注入黄海，因此形成大面积的浅滩，是典型的滨海、河口湿地。这种地形特点非常适宜海洋生物的繁殖、栖息，从而使当地拥有丰富的生物资源和自然景观资源。岛上植被茂盛、草木葳蕤，现有植物种类百余种，对岛上水土保持、气候调节起着重要作用。

2. 文化景观资源

（1）传统古村落

养马岛具有悠久的历史，汉代"一钱太守"刘宠死后即归葬于该岛。虽然养马岛历史非常悠久，但是岛上现存的古村落均为明中叶至清初所建，这是因为在明中末期，海上倭患得到缓解，许多内地的居民迁到养马岛，现存古村落主要是由这批移民所建造的。而且，到清朝道光年间，海禁政策松弛，再加上烟台开埠的影响，使船运成为养马岛各村的主业，到民国初年，养马岛当地村民已经有一定的积蓄，有很多村民到东北和南洋等地经商，商业规模不断壮大，村民迅速富裕起来。随着财富的积累，岛上的建筑越发精美，建筑质量也不断提升，有大量当时的建筑保存至今。现在岛上有八个行政村，均是由古村落发展而来，位于养马岛南面，一环路内，自西向东根据地势依山临海而建，从空中俯瞰，八个村落坐北朝南，呈一字排开。在每个村落里，均有自己的村碑，上面记载着村子建成的时间以及历史起源、村里发生的重大事件等，同时也记载着养马岛百年的变迁历史。

养马岛古村落群是胶东半岛地区保存最完整的古村落群。在这些古村落群中，有三处保存完好的文物保护建筑，分别是位于养马岛东北部的东三官庙、位于养马岛西南部的西三官庙，以及在张家庄东部的张氏祠堂。全岛共有300余处历史建筑分布在这八个村落中，以其中岛东侧的孙家疃最为密集，拥有30座匠心独运、保存完好的古建筑。养马岛古村落群是研究胶东宗族祠堂文化和渔民信仰文化的极好范本。

（2）当地传统文化

秦马文化。历代方志对秦始皇东巡路过牟平时的有关传说有很多记载，公元前219年，相传秦始皇东巡途经牟平时，在东海海边休息，发现海对面有一座海岛，上面草被茂盛，隐约看到有骏马奔驰，秦始皇大喜，遂封此岛为皇家养马地，养马岛由此得名，现在秦始皇为养马岛命名的传说已被列为烟台市非物质文化遗产。养马岛的地理位置十分优越，岛上植被十分茂盛且拥有充足的淡水资源，将马运至此地进行饲养，待养成后分流运往内地是十分经济、便捷的。为了彰显养马岛的秦马文化，如今在岛上规划建设了好几处以此为主题的景点，包括建在海岸线的秦风崖、御笔苑，以及占地14万平方米的天马广场。不仅如此，岛上还配有巡马滩马术俱乐部和跑马场，游客可以观看马术表演和体验骑马。

祭祀文化。养马岛作为一座海岛，有独具海岛特色的祭祀风俗，特别是岛民自古以来依海而生，对大海的崇拜已深深融入他们一代又一代的生活。每年春季，作为新的一年的开始，岛民会举行十分隆重的祭海仪式，祈求神灵保佑他们出海平安。现如今，岛民虽然已经不出海谋生，但是祭海的仪式却保留了下来，特别是每年8月底，当地都会举办开海节，祈求风调雨顺，出入平安。

海洋文化。作为一座海岛，养马岛拥有很强的海洋文化行为。例如，岛上居民为了祈求出海平安会祭拜妈祖，妈祖在胶东地区被称为"海神娘娘"，是传说中保佑渔民平安、祛病求吉、掌管海上航运的女神，在中国沿海地区，妈祖是十分重要的一位神灵。为了供奉祭拜妈祖，在养马岛上修建有供奉妈祖的海神庙以及妈祖的雕像；当地供奉祭拜的另一位神灵——龙王，龙王在古代神话里有呼风唤雨的权力，岛民为了表达期盼风调雨顺、出海顺利的愿望，特地修建了龙王庙，并在每年正月十三龙王生日那天举行隆重的仪式来祭拜龙王。

美食文化。养马岛位于黄渤海交界处，是一座拥有丰富海洋资源的天然海岛，其独特的地理位置使其拥有清澈的水质、良好的生态环境，正是因为这种得天独厚的地理优势使其产出的海鲜种类丰富、品质优良。养马岛依托这些天然丰富的海洋资源，同时也深受当地胶东菜系的影响，在两者共同作用下，孕育出独特的海鲜美食文化，特别是当地的烤鱼片、虾酱、咸鱼干等特色美食受到广泛赞誉。

（三）养马岛文旅产业发展现状

整体方面，近年来，养马岛围绕打造"生态旅游岛"的总目标，坚持"生态立岛、旅游兴岛、产业富岛"的方针，打造了烟威旅游集散中心、民俗村合院、养马岛国际音乐营地等项目，举办了"天马广场灯光秀""年俗嘉年华""山海不夜城"等活动。目前岛上建有各类酒店、度假中心 40 余座，拥有农家乐 100 余家，有天马广场、赛马场、礁石滩地质公园、秦风崖、海水浴场等 20 个景区和景点，形成了以康养度假、海滨休闲为主，以"四大文化"观光游览为辅的综合性旅游度假目的地。2022 年，养马岛旅游度假区接待游客 381.25 万人次，同比增长 62.23%，旅游总收入 4.5 亿元，同比增长 21.62%。2023 年"五一"小长假共接待游客 26.8 万人次，同比增长 81.08%，旅游收入 3780 万元，同比增长 61.53%。[①]

自然村落方面，杨家庄村利用自身的地理位置优势打造海上体验项目，游客可以亲身参与收扇贝、捞海参、挖蛤蜊等渔业收获活动；黄家

---

① 《188.23 万人次！这个"五一"，烟台的火爆你想象不到》，《新京报》，https://www.bjnews.com.cn/detail/168319537814074.html，最后访问日期：2024 年 8 月 4 日。

庄村开设集休闲咖啡、文化展示于一体的"海岸线一号"咖啡厅；中原村打造休闲一条街，将凉棚搭建在红花绿草当中，让路过的游客能够得到放松和休息；张家庄村位于岛边前海海岸线上，辖区内有大量滩涂，生长有多种贝类和蟹类，据此村里建设赶海乐园，退潮时游客可以在这里下海捡拾贝壳鱼蟹；洪口村搭建海鲜购货一条街，设立摊位 30余个，以便岛上居民集中出售海产品；驼子村着力提升软硬件水平，获评"区级生态文明村"称号；马埠崖村打造"渔家乐"一条街，进行集中监督管理；孙家疃村立足礁石滩公园打造悦岛杏花里休闲园，力争成为休闲度假新热点。

二　养马岛文旅产业发展存在的主要问题分析

尽管养马岛文旅产业已成一定规模，但目前仍以传统的旅游观光游为主，文旅产业体系尚不完善，缺少高端消费场景、特色商业等，游客引不来、留不住，直接影响景区可持续运营和民生保障能力。

（一）品牌定位缺乏竞争优势

一方面，养马岛没有理清发展思路，未来规划路径不明确。养马岛旅游度假区从 1985 年至今共编制了 9 轮规划，最近一次《养马岛控制性详细规划及重点地块修建性详细规划》已上报烟台市规划部门，但仍未落地，严重制约了文旅产业发展进程。因牟平区和养马岛旅游度假区都没有规划审批权，所有涉及维修、改造、新建项目都必须经烟台市规划部门审批，极大影响了养马岛保护性建设推进效率。

另一方面，养马岛对自身的定位欠缺考虑，没有摆正自己的位置。作为一个拥有一座独立海岛的 4A 级旅游景区，养马岛一直作为其他景区的"附属"，没有把自己作为一个独立的景区进行单独规划，且景区内基础配套设施不完善、高端消费场景不足、休闲旅游产品内容较为单一，导致养马岛多年来一直是烟威旅游的"集散地"而非"目的地"。据不完全统计，2023 年"五一"小长假期间，牟平区所属 12 家旅行社接待的以烟威地区为旅游目的地的游客中，将养马岛作为免费游玩项目赠送的达 6000 余人次。从 2022 年旅游统计数据看，养马岛游客数量占牟平区游客数量的 58.7%，但旅游收入只占牟平区旅游总收入的 6.4%。[①]

（二）旅游体验难以吸引游客

一是文旅融合力度不够。养马岛拥有独特的秦马文化、祭祀文化、海洋文化、美食文化，但是当地针对这几类特有文化与旅游行业的融合开发程度不高，岛上有着保存十分完善的传统古村落，里面的建筑使用当地材料建造，对游客颇具吸引力，但现有情况是当地对于古村落的开发十分滞后。养马岛的名字来源于秦始皇东巡养马的传说，马文化是养马岛得天独厚的资源，但是现在岛上涉及马的产业十分单薄，对于秦马文化没有进行深度开发，仅仅停留在塑造一些马雕像这一层面上，而且当地对于马相关产业的扶持政策也较少，由此导致无法对可利用文旅资源进行深入挖掘打造，资源优势无法转化为产品优势，各类文化符号和元素没有给游客留下深刻印象。二是文旅活动未成体系。岛上旅游以观赏为主，旅游项目单一，旅游购物、旅游交通等行业发展不足，且岛上的旅游项目多为个体化运营，没有进行整体规划和统一布局，整体文旅产业质量不高，游客体验感较差。休闲旅游产品较少，房车露营、场地露营、研学旅游等新业态项目缺失，运动健身活动不成规模，夜游类活动过于单一，无常态化节庆演艺活动，且现有项目季节性明显，岛上冬季严寒，缺少室内项目，导致冬季无人前来。旅游接待能力较弱，岛内现有 140 余家酒店、民宿、渔家乐，日均接待能力 7000 余人次。其中

[①] 《188.23 万人次！这个"五一"，烟台的火爆你想象不到》，《新京报》，https://www.bjnews.com.cn/detail/168319537814074.html，最后访问日期：2024 年 8 月 4 日。

三星级以上宾馆酒店和四星级以上民宿只有天马宾馆、海岛日记两家，日均接待能力只有 200 余人次，其余住宿设施大多档次低、品质差、无特色，缺乏吸引力，入住率不高。2023 年"五一"小长假期间，26.8 万人次游客中仅有 2.35 万人次留宿，仅占游客总人数的 8.77%，日均接待人数仅占日均接待能力的 67.14%。[①]

（三）景区管理水平亟待提高

景区运营收益不足。养马岛属于开放式景区，年均基础运营维护费用约 1000 万元，主要用于海岛垃圾清理、设施道路维修等日常运维管理。虽然 2022 年养马岛有约 4.5 亿元旅游收入，但是岛内基础运营维护费用全部依靠财政保障，财政压力大，管理水平低，对景区形象造成不利影响。同样是归属烟台市的 4A 级旅游景区，长岛旅游景区全线票价 135 元、南线或者北线票价 80 元，参照其单线收费标准，以 2022 年养马岛游客 381.25 万人次计算，可实现景区门票收入 3.05 亿元，不仅能够维持景区正常运转，同时还能用于海岛可持续开发建设。村落旅游开发滞后。养马岛现有文物 91 处，大多数是特色民居，总体保护较好，但是在近几年村落建筑维护改造时，没有统一设计与规划，在改造过程中村子甚至单户居民均可按照自己的意图进行施工，致使现在建筑风貌驳杂，新建或者新改造的建筑与原风格极不协调，严重破坏了村落的原始风貌格局，与国家倡导的旅游特色历史街区建设有较大差距。而且现在岛上的村庄基础设施建设水平比较落后，甚至没有污水排放系统，还在使用明沟进行污水排放，存在安全隐患并且对环境造成了不良影响。岛内交通硬件设施建设尚需加强，停车泊位较少，旺季存在"一位难求"现象，严重影响了游客体验。

---

① 《度假区：全力争创国家级旅游度假区 实现经济与生态双向共赢》，蓝色牟平，https://mp.weixin.qq.com/s?_biz=MzA30DEwNDAwNw==&mid=2908680400&idx=1&sn=52914a3d3847a9ff74844527e761ba5e&chksm=b6c61e96c43d6a04e854abe611d896d8eb6d32714bffc，最后访问日期：2024 年 8 月 4 日。

（四）旅游管理人才不足，服务意识待提高

目前养马岛旅游从业人员以当地居民为主，他们之前大多数从事渔业养殖业，受教育水平相对较低，且岛内居民老龄化现象严重，据统计，在 8094 名常住居民中，60 周岁以上的老年人有 2155 人，占 26.62%。①在这种情况下，整个岛域的旅游从业者整体水平较低。在当地，旅游行业主要以个体经营为主，由于经营者、管理者都缺乏旅游相关的系统化、专业化的培训，缺乏旅游服务意识和技能，因此无法向游客全面展示养马岛当地传统文化内涵，这些都很难从深层次上满足游客的需求。由于人才短缺，养马岛的生态旅游宣导和发展也面临一定制约，缺乏对整体旅游的带动作用。

三　乡村振兴战略与海岛生态旅游互促发展的路径

综合调研发现的问题和各方建议，养马岛要打造成为东北亚国际知名的生态旅游岛，必须按照国家级旅游度假区的创建标准，建设一个运维管理优质高效、三次产业融合发展的特色景区，提升游客旅游体验感，要让游客喜欢来、住得好、吃得棒，实现旅游收入快速增长，推进文旅产业快速升级和良性发展，提升岛内居民环境生活质量，创造更多就业平台和机遇，助力乡村振兴战略实施。

（一）推动品牌文化建设，打造特有旅游品牌

随着社会经济的发展、科技水平的进步，在人们生活质量提升的同时，旅游市场的产品也日新月异。养生游、探险游、文化游、研学游、网红游乃至太空游，众多旅游新业态随着消费者的需求不断涌现，新型

---

① 养马岛街道，百度百科，https://baike. baidu. com/item/%E5%85%BB%E9%A9%AC%E5%B2%9B%E8%A1%97%E9%81%93/8937396? fr=aladdin，最后访问日期：2024 年 8 月 5 日。

旅游产品成为市场的新主流。因此，在充分了解市场需求的前提下，运用互联网、大数据等技术手段，结合岛上实际推出符合游客口味的旅游产品，打造属于养马岛的特色品牌。

一是深挖岛上文化资源，打造文旅融合旅游业态。可以向学界专家请教，充分提炼养马岛的历史文化资源，并通过申报各级文化遗产、举办民间文化节庆活动等手段，发展研学、考古、特色文化等海岛旅游新业态。充分利用当地特有的古村落群，建设本岛独有的博物馆、民俗馆、特色民宿。

二是利用好自然资源，打造立体旅游产品。蔚蓝的大海、细腻的沙滩，花草丛生、林壑秀美，自然旅游资源是养马岛最大的财富。在不破坏生态环境、保护好传统自然风光的前提下，发展潜水、低空游览观光、快艇冲浪、海水温泉等立体式旅游产品，使养马岛的旅游方式从单一的自然风光观光游向着沉浸式、体验式、康养式等多种项目转变，这样既能吸引更多层次、不同需求的游客，又能延长游客在岛上的旅游时间，还能在一定程度上缓解淡旺季游客数量失衡的问题。

三是提高建设标准，将养马岛旅游度假区提档升级。按照国家标准将养马岛景区升级打造成国家 5A 级旅游度假区，在符合城市总体规划的前提下，开辟规划审批绿色通道，提升景区规划落地效率；结合烟台市整体规划，可以多地块联动，在岛内开发低密度、高质量的生态旅游资源，在岛外联动布局商场、酒店等高端消费场景，着力解决养马岛旅游"吃、住、行、游、购、娱"六大产业要素发展不均衡、业态布局不合理、休闲娱乐项目短缺、产业链尚未形成的问题。

四是要紧紧围绕市场，多方联动，打造"集体推介、团队设计、集中管理"的一体化营销模式，形成富有影响力的海岛旅游新品牌。"集体推介"就是将岛上某一区域作为一个整体进行集中推销和介绍，这样可以避免商家单打独斗、影响力过小的弱势局面，能较好地提高区域竞争力；"团队设计"就是整个推介过程进行内部分工合作，让专业的人做专业的事，把整个养马岛作为一个整体，最终达到提升品牌形象、提高推介效率的目的；"集中管理"就是做好规范工作流程、规范服务质量、维护品牌良好形象的工作。

（二）突出打造精品项目，实现旅游产品差异化

一是推动项目跨界融合，推出精致旅游产品。秦马文化是养马岛非常重要的历史文化旅游资源，特别是岛名的渊源——因秦始皇钦点此岛为皇家养马地而得名。养马岛位于大海之中，难得的是岛上淡水资源丰富，草木茂盛，非常适宜马的生长和生活，将大海和马术两个元素相融合，打造精品度假旅游项目，可以结合实际，扩大马匹的养殖规模，引入马术企业，打造海岛马术体验基地，丰富旅游淡季活动，增强旅游吸引力。

二是丰富多元化产品结构，满足不同游客需要。养马岛有着自己独特的秦马文化，它赋予了养马岛厚重的历史沉淀，而且岛内现存北方沿海所特有的滨海商帮曾居住过的古村落，结合这两项主题，将养马岛悠久的历史文化和优美的自然生态资源强力整合，打造一批特色旅游专业合作社和优质旅游景点。吸引优秀企业、资金进入养马岛，融合观光、餐饮、娱乐、购物、住宿、休闲等业态，打造全要素旅游海岛，进一步完善养马岛的休闲度假功能，建立起能够满足不同层次游客需要的多元化产品结构，引导"日游"向"周游"转变，"日间经济"向"夜间经济"延伸。

（三）提升管理水平，打造高品质规范化景区

一是加强政策扶持引导。一方面做好协调与统筹工作，将养马岛的旅游产业发展引上一条健康、可持续发展的道路，充分发挥当地政府部门协调与统筹能力，上下沟通，加大政策扶持和财政支持力度，及时更新、完善或制定相关政策，保障当地旅游产业发展与壮大；另一方面要厘清"市场调节"与"政府调节"之间的关系，这二者都是调节旅游产品市场的重要手段，理顺政府调节的作用关系，实现对市场作用的有机互补，共同促进旅游市场的健康持续发展。

二是加强岛内基础设施建设。一个景区旅游基础设施完善与否，是这个景区接待能力的重要体现。一方面，岛内公共交通以及基础交通设施建设在便于游客通行的同时，还应减少现代交通工具对海岛环境造成的污染与对生态平衡的破坏，因此，在设计岛内观光交通工具时，要尽量考虑使用绿色环保方式，例如在距离较近的景点可以提倡步行，建立环岛步栈道，在距离较远的景点可以设置公共自行车租赁点，减少因交通工具带来的污染。交通标识可以融合岛上文化特色进行设计，打造独具特色的养马岛风格交通标识景观。可以根据情况限制岛外车辆进入，增扩建停车场、码头、直升机场等，增加进岛交通方式。另一方面，应充分重视对于游客接待能力以及旅游附加值方面的硬件提升改造，对于古村落以及民宿、民居，要在保留原有风格的同时，统一规划、统一施工，完善供电、供水、排污等基础设施建设，科学搭建智慧旅游公共服务平台，实现岛上无线网络的全覆盖，达到既要提升村民的居住环境，增强食宿接待能力，又要保留原始风貌，让游客能够体验到最原始的古村落景色的目标。合理规划完善公共卫生间，交通、景点指示牌、餐饮、住宿及游客服务中心等设施，提高养马岛住宿行业准入门槛，健全并完善住宿行业规章制度，完善度假休闲、商务接待、会议会展等配套功能，提升旅游接待能力和档次。

三是建立健全生态保护机制，高标准打造绿色旅游"岛屿样板"。对标国际、国内生态景区建设标准，制定适合养马岛当地情况的政策措施，加强监管体系建设，打通体系壁垒，形成集公安、环保、城管、工商等于一体的执法监管体系，加大绿色旅游宣传力度，倡导环保低碳游，力争打造旅游业的"岛屿样板"。

四是探索实行景区收费模式，景区门票可以兼具代金券功能，既不影响游客进岛旅游意愿，又能刺激消费，促进旅游综合消费提升能级，与烟台市其他旅游板块联动，通过与其他第三方支付平台进行合作，联合推出区域化景区门票，共同提高收益。

（四）积极引进管理人才，深化旅游服务培训，推动乡村振兴政策落地施行

一是可以引进更多高学历、高素质、专业化管理人才，提升景区管理者整体素质，在引进人才的同时，也一同引入先进科学的管理理念。景区可以通过举办培训班组织教学等方式，将引入的管理理念以及其他区域成功的发展经验传授给当地管理人员，提升管理人员的业务能力。鼓励大学生回乡创业也是实现乡村振兴战略的重要途径，它既能弥补地方人才知识和能力短板，又能减轻目前的就业压力，针对返乡创业的大学生，当地政府可以根据实际情况制定扶持政策，例如发放一次性创业补贴，降低场地租赁费用，减免水电费，提供无息贷款等，从而促进养马岛景区整体管理素质的提高。

二是定期组织培训，从业务能力、个人素质等多方面提高景区管理和服务人员的水平。养马岛旅游从业人员以当地居民为主，但是当地居民缺乏专业从业背景，在经营中也缺乏管理经验，因此要加强对当地旅游从业人员的管理培训。可以成立教育培训的联盟类组织，吸纳相关企事业单位、高校、旅游协会共同参与，着力将旅游行业基本知识、游客的心理需求、安全应急处置等方面的知识，以及养马岛人文历史系统地传授给当地从业者，培养出一支管理理念先进、专业基础扎实、精通当地历史文化的景区管理队伍。

三是强化民生保障，建立海岛居民参与机制。在对养马岛进行整体设计规划时，旅游发展规划的主体应是养马岛当地居民，在目的地设计、项目开发、利益分配、环境保护等重大事宜中充分考虑到当地居民，鼓励岛内居民大力发展高品质民宿和农家乐，以"居住权换收益权"，实行统一管理，严格品质考核，避免恶性竞争，通过合理分红机制、"造血"式经营，激发美丽乡村内生动力，在发展壮大集体经济的同时解决民生保障问题，还可以通过完善补偿机制、提供商业和就业机会、股份制经营等，保障当地居民获得相应的收益，推进共建共享，实现旅游扶贫和旅游富民，让文旅产业赋能振兴共富之路。

（责任编辑：鲁美妍）

青岛市影视文化与滨海旅游业融合发展[*]

李　伟^{**}

摘　要　青岛市影视产业发展快，但市场规模较小；滨海旅游业规模较大，但转型发展需求迫切。影视对文化滨海旅游发展具有重要推动作用，青岛市影视文旅融合发展潜力巨大。当前，青岛市以影视工业为发展重心，影视文化影响力小，文旅融合发展水平低，存在影视作品对青岛城市形象塑造贡献不足、对滨海旅游资源挖掘和滨海旅游产品开发助力偏弱等问题。应当转变发展思路，强化顶层设计；增加影视作品与青岛滨海城市形象的关联度，提升青岛曝光率；促进影视资源与滨海旅游资源融合开发；推动影视 IP 与青岛滨海旅游产品开发相结合；深化影视对青岛特色城市文化的表达和解读。同时，应在规划体系、管理体制、协调机制、硬件建设、政策支持等方面进一步加强工作。

关键词　影视文化产业　滨海旅游业　青岛

引　言

青岛市滨海旅游资源禀赋突出、游客美誉度高，但滨海旅游开发模

──────────

* 本文为青岛市"双百调研工程"课题"青岛市培育影视文化产业促进文旅融合发展研究"（2023-B-044）以及山东省海洋软科学研究课题"山东建设现代海洋产业园区研究"（202303）的阶段性研究成果。

** 李伟，青岛市黄岛区灵山卫街道办事处副研究馆员，主要研究领域为海洋文化、文化产业。

式相对传统，产业发展一直处于不温不火的状态。面对新兴滨海旅游城市的竞争，青岛市培育滨海旅游新业态、拓展增长新空间的需求迫切。影视产业作为文化产业的典型，虽然自身市场规模较小，但与滨海旅游业融合发展的潜力巨大。近年来，青岛市影视产业快速发展，已经具备了从电影工业向影视文化产业拓展的条件。大力推动文旅融合，以影视文化赋能滨海旅游新业态开发，应当成为青岛市扩大影视产业带动力、推动滨海旅游业高质量发展的重要举措。

一　研究基础

联合国世界旅游组织（UN Tourism）指出，全世界旅游活动中约有37%涉及文化因素，文化旅游者以每年15%的幅度增长。于光远先生早在20世纪80年代就已指出"旅游是经济性很强的文化事业，又是文化性很强的经济事业"，认为旅游具有经济和文化的双重属性。[①] 文化发展与旅游带动的文化交流互为因果，具有显著的相互依存关系。[②] 旅游的流动性是文化互动变迁的重要渠道，文化场域是文旅融合的空间载体，旅游空间实践参与文化场域共创。[③]

影视文旅是文旅融合的重要领域。影视业与旅游业均具有的"文化产业"属性特征，成为二者融合发展的基础，根本动力是文化需求引致的市场融合。[④] 影视作品既有刺激旅游动机的能力，又有创造旅游目的地的期望和目标趋向。作为影视业与旅游业深度融合的产物，影视文化旅游直到20世纪90年代中期才逐渐引起学者的关注。[⑤] 狭义上，

---

① 于光远：《滨海旅游与文化》，《瞭望周刊》1986年第14期。
② 范建华、秦会朵：《文化产业与滨海旅游产业深度融合发展的理论诠释与实践探索》，《山东大学学报》（哲学社会科学版）2020年第4期。
③ 马勇、童昀：《从区域到场域：文化和旅游关系的再认识》，《旅游学刊》2019年第4期。
④ 吴金梅、宋子千：《产业融合视角下的影视旅游发展研究》，《旅游学刊》2011年第6期。
⑤ A. I. Karpovich, "Theoretical Approaches to Film-Motivated Tourism," *Tourism & Hospitality Planning & Development* 7 (2010): 7-20.

影视旅游是指通过电影、电视、文学作品、唱片、录像等文化产品加强游客的感知，给游客留下深刻印象，从而诱发游客到影视拍摄地旅游的活动。① 广义上，所有因影视活动引致的旅游行为皆可称为影视文化旅游，包括影视拍摄地旅游、影视节事活动地旅游、影视文化演绎出的旅游、影视明星活动地旅游等。

影视文化对旅游业的影响是多方面的。首先，"影视表象"促进了游客对于目的地集合性关注的形成②，成为构成旅游目的地知名度的基础。其次，影视文化能够促进旅游产品的开发，如新西兰霍比特村依托电影《指环王》和《霍比特人》的热度开发旅游产品，"真正实现了影视拍摄与影视旅游的良性循环，文与旅的联动发展，产生了良好的经济效益"③。最后，影视作品提升了旅游的体验感，旅游项目与影视元素相结合，以"文旅"联动形式丰富自身文化内涵，促进了地域文化软实力的提升。

上述研究对于青岛市培育影视文化产业，促进影视文化与滨海旅游融合发展具有重要借鉴价值。④ 青岛市正在大力发展影视产业，但主要发力点集中于电影工业及其产业生态营造。⑤ 2022 年发布的《青岛市推动影视业高质量发展若干政策》虽也提出"提升影视文化消费体验"等政策，但对于影视文化与滨海旅游业的融合发展问题始终没有明确的思路和具体的措施。因此，有必要进一步发挥影视产业的文化溢出效应，并促进其与滨海旅游业融合发展。

---

① R. Riley, D. Baker, C. Doren, "Movie Induced Tourism,"*Annals of Tourism Research* 25 (1998): 919–935.

② 侯越：《从韩流看"影视表象"与"旅游地形象"的构筑》，《旅游学刊》2006 年第 2 期。

③ J. Connell, "Film Tourism-Evolution, Progress and Prospects," *Tourism Management* 5 (2012): 1007–1029.

④ 胡鹏林：《中国区域影视产业发展的类型、政策与路径》，《深圳大学学报》（人文社会科学版）2022 年第 3 期。

⑤ 崔艳玲：《青岛电影产业发展现状与策略分析》，《视听》2019 年第 4 期。

二 青岛市影视文化与滨海旅游业融合发展的基础

（一）影视产业快速发展

近年来，青岛市加大了影视产业发展支持力度。青岛影视基地已集聚影视企业近千家，累计接待剧组 300 余个，备案项目 365 个，电影票房总产出超 308 亿元，基本形成涵盖影视策划、投资、制作、发行、放映、衍生品开发等影视全产业链的影视产业集群。[①] 多数影视作品实现了在青拍摄、制作，基本实现了从"青岛拍摄"到"青岛制作"的转变。以东方影都影视产业园为核心载体，青岛市基本建设形成了较为完善的影视制作基础设施和产业配套。市政府出台了多项影视产业专项支持政策，对于符合条件的影视制作企业，最高可享受在青拍摄制作成本 40% 的现金补贴，为影视产业快速发展营造了良好的政策环境。

（二）滨海旅游业规模较大

青岛市是全国知名的滨海旅游城市，滨海旅游业规模较大。据统计，2023 年上半年青岛市接待国内游客 4432.6 万人次，实现旅游收入 580.1 亿元，较上年同期分别增长 43.6% 和 48.8%。[②] 青岛市拥有丰富、优质的滨海旅游资源，山、海、滩、岛等特色景观与现代化城市有机融合，滨海旅游资源叠加特色鲜明的滨海城市历史文化特质，形成了栈桥、八大关、崂山、金沙滩、琅琊台等若干全国知名的滨海旅游风景区，为各类滨海旅游业态开发提供了良好条件。青岛的滨海旅游业为城

---

① 《青岛这里集聚近千家影视企业总票房超 308 亿元》，齐鲁网，2024 年 3 月 15 日，https://news.iqilu.com/shandong/shandonggedi/20240315/5617438.shtml，最后访问日期：2024 年 8 月 4 日。

② 《青岛市文化和旅游局 2023 年上半年工作总结》，青岛政务网，http://www.qingdao.gov.cn/zwgk/xxgk/whly/gkml/ghjh/202311/t20231123_7669385.shtml，最后访问日期：2024 年 9 月 6 日。

市经济发展注入了新动力，带动了餐饮、商贸等关联产业的发展，创造了大量就业机会。但是，青岛市滨海旅游业发展也存在经营模式单一、与周边城市同质化程度高、产品附加值偏低等问题。发挥青岛"影视之都"的文化软实力，促进影视文化与滨海旅游业相结合，对于丰富青岛市文化滨海旅游内涵、提升青岛滨海旅游业发展质量和效益具有重要推动作用。

三　青岛市推动影视文化与滨海旅游业融合发展的必要性

当前，青岛市影视产业发展的重心仍然在影视拍摄、制作环节，即传统意义上的"影视工业"。受影视市场规模和结构的影响，纯粹的影视工业规模较小，经济带动力有限。2022 年全国电影票房仅 300.67 亿元，其国产电影票房 255.11 亿元。[①] 这意味着青岛市影视产业在现行发展模式下，其规模很难突破百亿元级，存在较为明显的发展"天花板"。与之相对比，滨海旅游业由于规模较大，文旅融合发展对经济发展带动作用更为突出，能够形成影视产业与滨海旅游业"双赢"局面。因此，有必要在继续推动影视工业"硬实力"发展的同时，下大力气衍生培育各类影视文化新业态，最大限度地发挥影视文化"软实力"对区域经济社会发展的影响。

（一）有利于增加青岛作为滨海旅游城市的曝光度

作为以滨海风光为特色的滨海旅游城市，青岛市面临同类城市激烈竞争。随着疫情后滨海旅游市场重启复苏，若干城市设法打造滨海旅游热点事件，增加城市的曝光度和吸引力。影视作品以其独有的故事性、画面感，天然地成为城市形象的良好展示载体。通过将特色风光与特定

---

① 《2022 年度全国电影总票房 300.67 亿 国产电影占比超八成》，中国新闻网，https://m.chinanews.com/wap/detail/chs/zw/9925657.shtml，最后访问日期：2024 年 9 月 6 日。

故事情节相联系，市场打造了若干影视促进滨海旅游的案例，如电影《隐秘的角落》与湛江等。在青岛拍摄制作影视作品，为将青岛作为叙事的空间载体提供了便利。每年推出若干具有较大影响力的展示青岛滨海自然风光和社会风貌的影视作品，对于提高青岛市作为滨海旅游城市的知名度、美誉度，具有较大促进作用。

（二）有利于增强青岛市滨海旅游资源开发能力

青岛市滨海旅游资源丰富，滨海景观、阳光沙滩、历史文化、特色建筑、名人故居、民俗餐饮等滨海旅游元素特色鲜明。但是，滨海旅游资源的开发模式相对单一，以滨海旅游观光、住宿餐饮为主要业态。滨海旅游资源转化为滨海旅游产品的路径偏窄、能力不足。通过影视叙事，将人物、故事情节、演员、特色道具等影视元素与当地滨海旅游资源结合，赋予了滨海旅游资源满足游客除观光以外需求的可能性。例如，《射雕英雄传》对舟山市桃花岛滨海旅游开发的支撑，通过故事情节与特定地点、设施的深度绑定而实现了滨海旅游开发价值的提升。以影视作品赋予滨海旅游空间、景观、设施以特殊故事内涵，为高效开发利用滨海旅游资源提供了可能性。

（三）有利于丰富青岛市滨海旅游产品层次

当前，青岛市滨海旅游业仍以观光游为主体，门票、餐饮、住宿、交通等收入占滨海旅游总收入的比重较高。滨海旅游产品相对单一、附加值偏低的问题长期制约着旅游业高质量发展。在游客数量日益增加、城市基础设施支撑能力趋于饱和的情况下，上述模式旅游收入增长的可持续性不强。影视文化与滨海旅游项目的结合，为滨海旅游产品创新、模式创新、业态创新提供了新机会。从国内外发展经验来看，最为典型的当数迪士尼乐园的案例，迪士尼公司将经典动画影视 IP 与游乐项目结合，打造了独具特色的游乐园项目，产生了明显的溢出效应。此外，影视 IP 与景点、餐饮、住宿、玩具、纪念品、体验产品等滨海旅游产品相结合，亦有大量成功的新产品开发经验。结合具有较大公众影响力的影视 IP，以青岛市地方特色滨海旅游资源为基础，开发多层次、体系化的滨海旅游新产品、新模式、新业态，能够提高青岛滨海旅游产品满足游客多样化需求的能力，利用有限的资源取得更大经济效益，从而驱动滨海旅游业实现高质量发展。

四　青岛市影视文旅融合发展存在的问题

（一）影视作品与青岛滨海城市形象关联度低

部分影视作品虽在青岛拍摄，但难以与青岛建立有效关联，最为典型的案例当数爆款电影《流浪地球》。该电影作品绝大部分在青岛拍摄制作，但由于受电影科幻题材限制，影片大部分在东方影都影视基地内部取景，与青岛市的风光、社会、人文关联度均较低。如果不加以说明，无人知晓该影片在青岛拍摄。即使了解在青岛拍摄的信息，观影过程中也无法将影视故事情节、人物与青岛建立关联。因此，青岛市除在电影制作环节能够获得部分收益外，其他方面的溢出效应很低。

（二）利用影视作品提升滨海旅游资源开发效益的手段不多

部分影视作品虽然对青岛的景观、人文、社会风貌进行了曝光，但由于受以影视为中心的思维影响，对滨海旅游资源的开发助力很小。最为典型的案例是将流亭机场作为影视基地的开发利用。作为全国唯一硬件设施完备的大型退役民航机场，流亭机场先后成为《流浪地球2》《万里归途》等电影的取景地。但是，电影的火爆并未推动流亭机场滨海旅游功能（或其他商业功能）开发。与此类似，《送你一朵小红花》上映后，作为关键情节拍摄地的太平山索道除在上映期间火爆了几天外，很快归于沉寂。上述案例表明，青岛市在利用影视作品推动滨海旅游资源开发方面，还有很多工作需要开展。

（三）利用影视 IP 关联开发滨海旅游产品的能力欠缺

当前，青岛市影视文旅融合发展最为成功的案例是东方影都的滨海旅游开发。东方影都以影视拍摄制作基地为支撑，开发主题乐园、购物、住宿、餐饮、影视工业观光、研学等滨海旅游产品，取得较好的文旅融合开发效果。但是，除此以外的影视文旅融合项目较少，特别是利用影视 IP 开发滨海旅游新产品的成功案例很少。青岛已经公布第一批影视拍摄取景基地名单，其中不乏青岛上街里历史城区、青岛奥林匹克帆船中心、小港码头等滨海特色景点。但从目前效果来看，滨海旅游资源服务于影视拍摄的效果明显强于影视反哺滨海旅游开发的效果。关键问题在于尚未找到利用影视 IP 赋能滨海旅游产品开发的方向和路径。

上述种种问题的产生，与青岛影视产业发展视野不够开阔有较大关联。在"就影论影"的观念驱动下，过于强调影视工业"硬实力"的堆积而忽视了"软实力"的外溢。从更深层次来看，未能准确理解青岛"电影之都"建设目标的深刻内涵，未能充分意识到影视产业对于区域经济、海洋经济发展的战略性价值，在产业发展顶层设计、总体布局、具体措施等方面的工作未能跟上。因此，应当从青岛引领型现代海洋城市建设大局出发，对影视产业与滨海旅游业融合发展进行系统化设计布局，并出台针对性措施。

五　青岛市促进影视文旅融合发展的主要策略

（一）转变发展思路，强化顶层设计

推动影视产业发展重心从影视工业向影视文旅融合发展转变，在加快发展影视工业（影视拍摄制作）的基础上，大力推动青岛影视文化生态营造，强化影视作品的文化溢出效益，探索海洋特色影视文旅融合

新路径，赋能青岛市滨海旅游业发展。以影视作品宣传推介青岛，促进滨海旅游资源挖掘和滨海旅游产品开发，塑造和强化青岛良好文化形象，形成影视产业与滨海旅游业发展全面融合、相互促进的新格局。以电影之都建设推动滨海旅游业走高质量发展之路，提升影视产业对城市经济发展的带动作用。站在建设"宜居宜业宜游高品质湾区城市"高度规划影视产业，以建设电影之都为总体目标，拓宽影视产业规划视野，在强化全市滨海旅游资源对影视产业发展支撑的同时，进一步强调影视产业、影视文化对滨海旅游经济乃至城市经济发展的赋能作用。坚持影视工业与影视文化并重，政策支持重点向影视文化培育及其产业化拓展，着力推动影视文化与滨海旅游业以及其他相关产业的融合发展。影视文化培育的重点方向应与青岛滨海城市文化形象塑造、滨海旅游资源挖掘和高效利用、滨海旅游产品多层次开发等目标相结合，出台具体的引领和支持政策。

（二）增加影视作品与青岛滨海城市形象的关联度，提升青岛曝光率

发挥影视作品故事性强、表达方式丰富、受众广泛的优势，采取引导措施促进影视与青岛的多方面关联。一是故事情节与青岛滨海城市形象的关联，鼓励有条件的影视作品将故事空间背景设定在青岛，全面展示青岛滨海城市风貌。二是影视画面与青岛滨海城市形象的关联，发挥青岛滨海自然景观、人文名胜、基础设施作为影视叙事背景的优势，加强影视取景地建设，进一步丰富滨海取景地的类型和层次，充分满足影视拍摄需要，以及展示"视觉青岛"的需要。三是人物与青岛的关联，支持拍摄以青岛历史及现代名人为角色的影视作品，鼓励以青岛人为原型设计角色形象。四是鼓励青岛特色方言、戏曲、民俗活动在影视作品中展现，展示青岛社会人文特色，强化青岛在观众心中的丰富性和纵深感。

（三）促进影视资源与滨海旅游资源融合开发

遵循滨海旅游资源影视化、影视资源旅游化发展思路，推动影视文化与滨海旅游融合发展。一方面，实施城市滨海空间"宜影化"改造，打造若干"宜影"与"宜游"相结合的特色城市功能空间。打造影视特色街区，结合取景地建设，建设具有鲜明历史、文化、民俗特点的宜影宜游的滨海街区。在保持街区整体特色氛围的前提下，在核心取景点周围加强配套滨海旅游设施建设。打造滨海影视特色功能单元，支持在街区内建设功能性取景点（如餐馆、商场、公园、游乐设施、市政设施等），在保持主体功能的同时，结合影视拍摄需要进行"宜影化"改造，满足各类各时期影视拍摄的需求。另一方面，出台专项政策引导和鼓励影视企业、剧组深入青岛城市空间，结合青岛滨海旅游资源开展影视创作、拍摄和制作活动。凡是领取青岛市财政补助的影视作品，除青岛无法满足拍摄需求外，其内外取景应尽量在青岛完成。特别是要鼓励剧组到具有滨海旅游开发潜力的小众城市街区、功能单元取景拍摄，提升青岛全域滨海旅游资源挖掘和开发能力。

（四）推动影视 IP 与青岛滨海旅游产品开发相结合

一是加强影视 IP 开发文化滨海旅游产品的研究，支持影视企业参考历史成功案例，将文化滨海旅游产品开发纳入影视制作总体考量，使之成为影视制作的重要衍生产品。二是对青岛市现有滨海旅游产品进行梳理，以特色景观、餐饮、住宿、购物、游乐场、纪念品、玩具、装饰品和日用品为重点，分析各类产品与影视 IP 结合，扩大市场容量或开发影视衍生滨海旅游产品的可行性。例如，影视作品关联餐馆、旅馆可推出影视同款服务套餐；关联滨海旅游景点可推出影视情节旅游、影像摄制等服务。三是鼓励影视作品在创作、拍摄中将特定情节、人物与特定滨海旅游产品建立有机关联，或在影视作品中通过情节、人物设计预留开发关联滨海旅游产品的可能性。影片一旦上映，滨海旅游景点或产品可通过关联开发进一步实现利润最大化。

（五）深化影视对青岛特色城市文化的表达和解读

利用影视作品展示青岛滨海城市文化是一项长期的系统工程。一是对青岛特色城市文化进行充分分析和解读，使之具体化、可描述。二是建立与影视作品编剧、导演和演员的沟通机制，特别是要建立明确的激励机制，将青岛滨海城市文化具象为具体的故事情节和人物形象，使之成为影视作品的有机组成。三是设立"影视青岛"文化工程，将其纳入影视产业发展规划，长期、持续性推出上述影视作品，久久为功，在国内外观众心中塑造和强化青岛城市文化形象，提高青岛的知名度和美誉度。

六 青岛市促进影视文旅融合发展的措施建议

（一）将影视文旅融合纳入城市发展规划体系

在青岛国民经济和社会发展五年规划中设立影视文旅融合发展专章，制定影视文旅融合发展专项规划，转变以电影工业为重点的发展思路，对青岛市培育影视文化促进文旅融合发展的思路、目标、任务、措施进行长远布局。

（二）健全影视文旅融合发展的管理体制

基于影视文旅融合的跨部门管理特点，建立各级宣传部门牵头、文化旅游部门负责、影视产业园区服务部门具体落实的管理体制。宣传部门负责将影视文旅融合发展纳入全市精神文明建设的总体框架，文化旅游部门负责制定发展规划、出台各类引导和支持政策、筛选和管理各类相关示范区及示范基地，灵山湾影视产业园区、各取景地管理服务部门负责与影视企业、剧组对接，抓好各项政策落实。

（三）建立利益相关方参与的影视文旅融合协调机制

利用人民团体、协会、学会、产业联盟等多种载体，建立广泛和多层次的协调机制，鼓励影视、滨海旅游相关从业人员参与各类规划、政策制定，鼓励影视、滨海旅游企业和从业人员建立沟通机制和利益关联机制，在产业、企业和人员等层面促进影视与滨海旅游融合发展。

（四）加快推进影视取景地建设

把取景地打造为影视产业与滨海旅游业融合发展的重要载体。进一步扩大取景地数量和规模，完善取景地基本功能，支持取景地管理单位加强与影视企业沟通与协调，建立利益关联，进一步挖掘影视旅游资源，开发影视旅游产品，逐步培育形成若干功能完备、特色鲜明、营利能力强的滨海影视文旅融合发展基地。

（五）加强影视文旅融合配套条件建设

建设青岛影视素材库及共享平台，加强各类景观空镜头素材拍摄，形成大规模素材库，免费供影视企业使用。排查全市各类特色景观和商业、文旅、交通、市政等功能场所，评估取景条件，编制影视取景场所目录，并由主管部门建立统筹协调机制。实施取景地（街区、功能单元）"宜影化"改造，为影视企业提供便利条件。

（六）强化政策引导与支撑

当前，政策以吸引影视企业来青拍摄制作影视作品为主要目标。未来，逐步出台专项政策，引导影视企业向影视文旅融合发展拓展。接受市、区财政补贴的企业，均应承担宣传推介青岛、赋能挖掘滨海旅游资源、开发滨海旅游产品等责任，因此可出台具体的激励和引导措施。

（责任编辑：鲁美妍）

山东海洋文化遗产的传承与保护

朱建峰[*]

摘 要 山东海洋文化遗产资源丰富。传承和保护海洋文化遗产，是对山东传统海洋文化的积淀与传承，也是海洋生态文明建设、海洋强省建设的重要内容。山东海洋文化遗产的保护和传承工作尚存在工作基础薄弱、对遗产价值认知不足、制度缺失等问题，需要在系统挖掘、摸清家底、厘清脉络的前提下，完善山东海洋文化遗产的保护与传承机制，建立海洋文化遗产数字化保护平台，对山东海洋文化遗产进行长效、可持续的保护。

关键词 海洋文化 海洋强省 海洋文化遗产 数字海洋文化

引 言

习近平总书记指出："中华优秀传统文化已经成为中华民族的基因，植根在中国人内心，潜移默化影响着中国人的思想方式和行为方式。"[①] 文化遗产是优秀传统文化的重要载体。山东省是海洋大省，几千年来，农耕文化与海洋文化共同滋养着齐鲁大地，成为山东经济社会发展"日用而不觉"的丰厚养料。山东人民在与海洋的长期互动中创造了各类物质和非物质的海洋文化遗产，它们是山东沿海社群创造力的

---

[*] 朱建峰，山东社会科学院助理研究员，主要研究领域为海洋文化和经济。

[①] 参见 2014 年 5 月 5 日，习近平总书记在北京大学师生座谈会上发表的题为《青年要自觉践行社会主义核心价值观》的讲话。

体现，也是构筑齐鲁文化的重要符号，展现了山东海洋文明深厚的底蕴。传承和保护海洋文化遗产是对山东海洋社会文化记忆的延续和沿海居民智慧结晶的呈现，是对山东传统海洋文化的积淀与传承，也是海洋生态文明建设、海洋强省建设的重要内容。

目前学界对山东海洋文化遗产的相关研究主要包括海洋文化遗产资源的挖掘梳理、海洋文化遗产的传承保护和开发利用两个方面。在海洋文化遗产资源的挖掘梳理研究方面，曲金良[1]梳理了山东的海洋文化遗产资源，并强调了山东海洋文化在中国传统海洋文化中的重要地位，认为海洋文化遗产的保护与管理应注重区域国际合作；张杰[2]论述了登州古港在海上丝绸之路繁盛时期的重要作用；王可佳[3]考察了密州市舶司的兴起。在海洋文化遗产的传承保护研究方面，李伟和于会娟[4]提出将海洋文化遗产保护纳入海洋保护区体系的构想；李娟[5]总结了山东省海洋非物质文化遗产的空间线路，并提出山东省海洋非物质文化遗产级别上整体呈现出金字塔结构。在海洋文化遗产的开发和利用研究方面，潘树红[6]对山东海洋非物质文化遗产资源的价值进行评估，并提出未来发展应重点关注的领域。

从当前的研究来看，山东海洋文化遗产的研究、保护、利用尚处于碎片化、条块分割阶段，研究多关注某地或某类型等具体的海洋文化遗产，从整体上对山东海洋文化遗产的系统梳理和整体保护研究则付之阙如。山东海洋文化遗产的传承和保护还需摸清基本家底，树立整体、统

---

① 曲金良：《山东海洋文化在中国海洋文化史上的地位》，《山东省社会主义学院学报》2018 年第 4 期。

② 张杰：《登州古港：古船见证海上丝绸之路的繁盛》，《中国社会科学报》2019 年 1 月18 日，第 4 版。

③ 王可佳：《北宋密州市舶司兴起原因考略》，《黑龙江史志》2018 年第 8 期。

④ 李伟、于会娟：《将海洋文化遗产保护纳入海洋保护区体系的思考——以青岛西海岸新区为例》，《海洋开发与管理》2017 年第 2 期。

⑤ 李娟：《基于非遗名录统计分析的山东海洋非物质文化遗产保护研究》，《鲁东大学学报》（哲学社会科学版）2019 年第 2 期。

⑥ 潘树红：《山东省海洋非物质文化遗产价值评估》，《中国海洋经济》2017 年第 1 期。

一的保护理念，探索山东海洋文化遗产保护传承长效机制。

一　山东海洋文化遗产资源的基本情况

山东省海域面积约 15.8 万平方公里，海岸线长约 3345 公里，近海岛屿 300 多个，自古港口、商埠、渔场、盐场遍布，是中国海洋渔盐文化发展的重镇，也是中国南北海上交通以及与朝鲜半岛和日本列岛跨海交流的枢纽和中心地带[①]，在中国文化向外辐射和传播中起到重要作用。夏商周时期，东夷文化便创造了中国北方的海洋文明。先秦时期，齐国海洋文明代表了当时中国海洋文明的最高水平。山东是汉唐时期的东方海洋文化枢纽，也是宋元时期的南北海上通衢、明清时期的京畿海上门户和北方海上贸易中心。可见山东海洋文化在中国海洋文化的发展中占据十分重要的地位。源远流长的海洋文化发展史和深厚的海洋文明为山东带来种类繁多、数量丰富的海洋文化遗产资源，从遗产类别来看，主要包括了海底遗产、海岸遗产、海岛遗产、历史水域、海洋精神遗产、海洋民俗遗产等六类。

海底遗产包括水下的沉船、遗物和遗址等具体遗产类型。历史上的山东是中国东部地区的南北交通要道、中国与海外交往的东方门户以及北方海上丝绸之路的起点，从商周起一直到明清时期，近海水域和海上交通航线的船只往来不断。在数千年的历史中，有大量的古船因种种原因沉没在山东海域海底，它们是山东海洋历史和文明的见证，负载了重要的历史文化信息。目前，在山东海域，已确认的水下文化遗产已有百余处，主要集中在胶州湾海域、庙岛群岛海域、刘公岛海域等，如宋金海战沉船遗物、"伊丽莎白皇后号"沉船、威海湾一号沉舰遗址。

山东海岸遗产数量丰富，包括琅琊港、密州板桥镇港口、青岛港、芝罘港、登州港等历史港口文化遗产，它们见证了山东海运商贸的繁

[①]　曲金良：《中国海洋文化遗产保护研究》，福建教育出版社，2019。

荣；包括山东沿海海岸早期人类活动的遗迹、遗物，如贝丘遗址；包括涉海的历史人物和事件及相关遗址遗物，如徐福东渡；包括山东沿海地区的盐场、鱼埠，如山东寿光双王城盐业遗址群、威海高岛盐场旧址等，胶东半岛"夙沙作煮盐"是中国海水煮盐的开端①；包括沿海地带在历史上便被文人墨客吟咏的海洋文化山海景观。

山东沿海岛屿众多，历史上一些岛屿曾作为海洋社群聚落的生活空间，遗留下了港口码头、灯塔、海神信仰、渔俗风俗、民居建筑、渔家号子、庙岛群岛等各类物质、非物质海洋文化遗产；还有一些壮观的海岛自然景观遗产，如长山列岛的海蚀礁岩奇观。海岛生态环境脆弱，同时也受损严重，以海岛为整体进行海洋文化遗产保护刻不容缓。

海洋历史水域也是山东不可忽视的海洋文化遗产资源，包括历史海湾、航道和渔场等。② 例如先秦时期至近代便有琅琊港、密州板桥港、胶州港、青岛港等港口分布的胶州湾水域；唐代沟通中原与朝鲜半岛、日本列岛的"蓬莱-长岛"海域；世世代代渔民赖以生存的渤海湾渔场；等等。

山东海洋精神遗产和海洋民俗遗产体现出独特的齐鲁特征和风貌，对于认识山东海洋人文历史和社群生活具有重要意义。山东沿海社群世世代代传承而来的民俗信仰、制度、仪式等民俗活动传承至今，它们反映了山东海洋地区特殊的历史背景、社会形态、地理风貌等。③

二　山东海洋文化遗产保护和传承的现状分析

山东省海洋文化遗产资源种类丰富、数量较大，但目前海洋文化遗产保护和传承工作基础薄弱，现有的海洋文化遗产资源家底还未厘清，

---

① 纪丽真：《明清山东盐业研究》，博士学位论文，山东大学，2006。
② 曲金良：《中国海洋文化遗产保护研究》，福建教育出版社，2019。
③ 张开诚：《广东海洋文化产业》，海洋出版社，2009。

尚未认识到海洋文化遗产的巨大价值，对海洋文化遗产资源挖掘和保护力度不足，在海洋文化遗产资源的保护和整体利用上没有形成合力，这样就导致无法对山东海洋文化遗产资源进行系统全面的传承和保护。

第一，山东海洋文化遗产保护工作基础薄弱。针对丰厚的遗产资源，山东省出台了《山东省非物质文化遗产条例》《山东省文物保护管理条例》等相关政策措施，加强对文化遗产的保护与利用，形成了"在保护中利用，在利用中保护"的基本保护模式。针对水下文化遗产，也通过设置水下文物保护区等多种形式探索水下文物保护的新思路。但对于海洋文化遗产的保护，目前尚只是搭建起雏形，整体、完善的保护机制尚缺乏顶层规划和创新实施，仍需要对海洋文化遗产资源进行深入的挖掘、整理、修缮和复原。海洋文化遗产资源的开发利用更是缺乏进一步的规划，整体来说，基础薄弱，但潜力巨大。

第二，对海洋文化遗产资源的认知不足。这种认知不足主要体现在海洋文化遗产和海洋文化资源开发利用的特殊性两方面。一方面，山东既有源远流长的儒家文化，也有创新进取、历史悠久的海洋文化，他们共同塑造形成独具特色的山东文化。然而，无论是在政府还是在公众视野中，海洋文化遗产资源的价值均尚未引起足够的重视，而海洋文化遗产资源是山东文化遗产的重要基础内涵，也是山东海洋文明发展的历史见证。另一方面，较之陆地上的文化遗产，海洋文化遗产保护和开发的难度更大，海水的流动性和强腐蚀性、海底环境弊端等因素都增加了部分海洋文化遗产挖掘保护的难度，因此海洋文化遗产的保护需要在这种认知前提下将更多的科学技术融入遗产考古挖掘工作中去。

第三，海洋文化遗产保护机制尚不完善。除了海洋文化遗产保护相关的政策法规的缺失，在保护机制上也存在机构不完善、效率不高等问题。目前，山东设立了专门主管和负责文化遗产保护的机构，但针对海洋文化遗产的保护，并没有设置专门的机构或小组，难以向上与国家海洋文化遗产保护相关部门形成对接合作、向下积极推动山东沿海地区地方海洋文化遗产的保护工作。另外，当前山东海洋文化遗产的保护工作以政府的推动为主，尚未形成政府与科研机构等公益性力量、市场力量、民间力量的合力，没有形成海洋文化遗产保护的多方参与机制。

三　山东海洋文化遗产保护和传承的路径

山东海洋文化遗产的保护工作需要深挖海洋文化遗产资源，摸清基本家底，厘清山东海洋文化遗产的资源脉络，完善海洋文化遗产的保护和利用机制，先试先行建立海洋文化遗产保护区，搭建海洋文化遗产数字化保护平台，形成山东省海洋文化遗产保护和传承的长效机制。

（一）深挖海洋文化遗产资源

山东海洋文化遗产资源丰富，但分布较为散乱，急需通过系统、深入地挖掘，摸清山东海洋文化遗产资源的基本家底，厘清山东海洋文化遗产的资源脉络，建立一套完整的山东海洋文化遗产资源体系，为科学合理地保护、利用和传承山东海洋文化遗产资源奠定坚实基础。

1. 实施海洋文化遗产资源挖掘工程

启动以海洋文化遗产为主题的专项调查，组织相关人力对山东海洋文化遗产资源及其分布情况进行全面系统的普查，分类挖掘、寻根建档，摸清山东海洋文化遗产的基本家底。首先确定山东海洋文化遗产资源的具体内容，即通过系统挖掘和摸底调研，梳理海洋文化资源内容并进行明确分类，掌握各类海洋文化资源的基本情况，包括其分布现状、分布区域、数量以及目前的保护开发情况等。其次研究阐释山东海洋文化遗产的核心内涵和价值体系，总结山东海洋文化遗产资源的基本特征以及其体现出的海洋特色、海洋发展理念和海洋精神，明确山东海洋文化遗产资源的历史作用和当代价值，尤其是对能体现山东特色和优势、具有重大价值的海洋文化遗产资源，更要深入研究其历史沿革和价值意义，再现山东海洋文化底蕴。

在摸清山东海洋文化遗产资源基本家底的基础上，建立一套完整的山东海洋文化遗产资源体系，即对山东海洋文化遗产资源进行进一步的挖掘、整理和研究，梳理山东海洋文化遗产所体现的价值观念，明确山东海洋文化遗产的核心内涵，充分诠释山东海洋文化精神和特色，为山东海洋文化遗产打造一个"保护区"，同时，将海洋文化遗产保护与传承工作作为长期的文化工程加以实施，持续丰富山东海洋文化的内涵。

2. 厘清山东海洋文化遗产资源的脉络

目前，山东海洋文化遗产资源的挖掘与保护尚处于碎片化的阶段，而海洋文化遗产资源大多是由一个个遗产"点"组成遗产"线"和"面"，进而构成"文化线路"及其"文化空间"。[①] 因此，需要以"点"为基础，以"海洋文化线路遗产"及其空间为重点来梳理山东的海洋文化遗产资源，厘清山东海洋文化遗产资源的基本脉络。

山东海洋文化线路遗产主要有两类：一类是山东人民在航海历史中所创造的遗产遗迹，包括建筑物和创造物等海洋物质文化遗产，如船舶、港口、灯塔、庙宇以及管卫所等海防设施；另一类是山东人民在与海洋长期打交道的过程中，在沿海社群中创造并传承下来的口头上的、仪式上的、行为上的非物质类海洋文化遗产，如海神信仰、祭祀活动、传统音乐、艺术等。按照海洋物质文化线路遗产和海洋非物质文化线路遗产两种分类，详细梳理山东海洋文化遗产资源的空间分布、空间结构、空间密度等基本现状和特征，全面梳理和恢复山东海洋文化遗产的线路和空间。

当前，山东省需着重挖掘、梳理和保护的海洋文化遗产线路及其空间包括以下方面。

烟台庙岛群岛海洋文化遗产线路及其空间：庙岛群岛由 32 个岛屿

---

① 曲金良：《"海上文化线路遗产"的国际合作保护及其对策思考》，《中国海洋大学学报》（社会科学版）2020 年第 6 期。

组成，是中国古代通往朝鲜半岛、日本列岛的重要枢纽，遗留下的宝贵历史遗产包括猴矶岛灯塔、显应宫、砣矶岛石刻遗址、井口天妃庙、乌胡戍遗址、大谢戍遗址等。

蓬莱海上丝绸之路遗产线路及其空间：蓬莱为古登州港，是中国古代重要的海上交通口岸之一，也是古代海上丝绸之路上的重要港口，承担着促进海外政治、文化、经济交流的重要使命。[①] 在长期的历史发展中，这里留下了跟航海贸易、城市建设、宗教与文化、海防设施相关的丰富的海洋文化遗产资源，主要包括：龙王宫、蓬莱阁、天后宫、沉船遗址、村里集城址及墓群、戚继光牌坊、戚继光祠堂、戚继光墓、安香寺、弥陀寺、三清殿、登州圣会堂、蓬莱水城、解宋营百户所遗址、赵格庄营寨遗址、蓬莱沿海烽火台群等。

青岛海洋文化遗产线路及其空间：青岛是中国海上贸易的重要门户，也是中国海上丝绸之路的始发港之一，留下了诸多港口码头遗址、海神信仰和海边聚落遗址。[②] 当前青岛主要的海洋文化遗产资源包括：琅琊台遗址、板桥镇遗址、胶莱运河、马濠运河、靛泊庙（龙女祠）、青岛天后宫、金口天后宫、雄崖所故城遗址、浮山所遗址、沙子口天后宫、王哥庄娘娘庙、栈桥及回澜阁、朝连岛灯塔、沿海炮台旧址群等。

除了以上几个重要的海洋文化遗产线路及其空间，还有很多海洋文化遗产遗迹散落在山东沿海地区，如烟台白石村遗址、威海海草房、荣成渔民号子、即墨田横开海节、东营红光祭海节、威海开洋谢洋节、潍坊传统晒盐技艺、徐福东渡传说等。这些性质各异、种类不同的海洋文化遗产记录和展示着山东人民与海洋互动产生的物质和情感连接，是山东海洋文化遗产的重要组成部分。因此，也需要以沿海渔村、乡村为基础，广泛地开展对山东海洋文化遗产资源的普查、挖掘、整理工作，掌

---

① 张杰：《登州古港：古船见证海上丝绸之路的繁盛》，《中国社会科学报》2019 年 1 月 18 日，第 4 版。

② 曲金良：《中国的海洋文化线路遗产及其保护》，福建教育出版社，2019。

握山东海洋文化遗产资源的分布情况，在摸清家底的基础上，建立完善"国家—省—市—县（区）"四级海洋文化遗产名录，形成山东海洋文化遗产的基本数据库。

（二）完善海洋文化遗产传承保护机制

在全面把握山东海洋文化遗产资源状况的基础上，树立整体保护、科学传承的理念，对海洋文化遗产的保护和传承工作进行全面系统的规划，并定期对海洋文化遗产的普查整理、保护传承情况进行总结反思，积极寻求保护和传承山东海洋文化遗产的最有效手段，形成山东海洋文化遗产保护与传承的长效机制。

1. 树立山东海洋文化遗产的整体保护理念

为了保护山东海洋文化遗产的真实性和完整性，需要在保持海洋文化遗产的历史原貌特征前提下，尽可能地对海洋文化遗产资源的全部历史信息进行挖掘和保护，同时，不仅仅局限于遗产资源本身，还要将海洋文化遗产资源与其周边环境作为整体进行保护和相关修复工作。另外，海洋文化遗产的保护不仅要保护其风貌，还要保护和传承其内涵。有些海洋文化遗产随着社会的发展和遗产遗迹的破坏而逐渐消失，但是它所包含的能体现山东海洋文明的内涵和价值还在，比如沿海社群在与海洋打交道时的一些风俗习惯、宗教信仰等，如果把这些非物质化内涵和价值与物质化的遗产本身剥离开，那遗产的保护便不完整，对遗产的传承也有心无力。山东海洋文化遗产沿半岛沿海区域分布，在时间和空间上都有跨度，因此，整体性的保护更能真实、完整地展现山东海洋文化遗产的资源现状。

2. 加强顶层规划，完善法规建设，健全管理机制

山东海洋文化遗产的保护与发展需要加强顶层设计和科学规划，完善海洋文化遗产保护相关法规，健全海洋文化遗产管理机制。在当前山东文化遗产保护相关工作的规划和法规基础上，出台海洋文化遗产保护

和传承的专项规划，制定海洋文化遗产保护专项管理办法，为山东海洋文化遗产构建专门的政策保障体系，着力推进山东海洋文化遗产保护工作走在前列。同时，还要健全海洋文化遗产的管理机制，在山东省设置强有力的海洋文化遗产管理机构，并在各地市设置分管机构，对各地市海洋文化遗产进行统一管理，同时要对接、联合海洋局、国家文物局成立专项负责小组，形成"地方—中央"相衔接的政府负责机构，避免当前存在的管理职能交叉、效率低下、互推责任问题，形成全省海洋文化遗产保护工作的合力。

3. 建立海洋文化遗产保护区，形成海洋文化遗产保护先行示范

沿海地区海岸带的开发建设给海洋文化遗产资源带来不同程度的破坏，中国通过设置海洋保护区体系对海洋空间进行合理规划，并通过海洋公园的建设对部分特殊的海洋生态景观、海洋历史文化遗迹进行保护。因此，海洋保护区体系为海洋文化遗产的保护与利用提供了制度依据和空间载体。[①] 目前山东拥有 10 个国家级海洋公园，应该在此基础上进一步将海洋文化遗产的保护纳入海洋保护区体系，明确划定海洋文化遗产保护区，丰富海洋公园的内容和功能，实现海洋文化遗产保护的陆海统筹管理，并通过这种保护机制和管理理念的创新，积极打造全国海洋文化遗产保护区先行示范样板，为探索可复制的海洋文化遗产保护区建设模式提供经验。

4. 提升海洋文化遗产保护技术，培育海洋文化遗产保护人才

海洋文化遗产的挖掘与保护涉及人文社会科学、工程技术科学等多个领域，要提高山东海洋文化遗产的保护力度，离不开考古、勘探、检测等科学技术的创新与进步，同时也要借助数字信息技术等一切有利于海洋文化遗产保护工作的现代技术，对山东海洋文化遗产按照重要性和破坏程度进行先后保护和修复。海洋文化遗产的保护离不开相关的人

---

① 李伟、于会娟：《将海洋文化遗产保护纳入海洋保护区体系的思考——以青岛西海岸新区为例》，《海洋开发与管理》2017 年第 2 期。

才，中国专门从事海洋文化遗产保护工作的人才稀少，山东省要利用当前的海洋教育资源优势，加强对海洋文化遗产保护专业人才的培育、培养和培训，引进和吸引优秀的遗产保护专业技术人才，并通过与国外相关机构的交流合作，提高山东海洋文化遗产保护工作者的整体水平和素养。

5. 开拓海洋文化遗产保护公众参与机制，形成海洋文化遗产保护与传承的全民合力

政府相关部门除了要做出海洋文化遗产保护和可持续发展的正确决策外，还要允许并鼓励公众从多方位、多渠道积极地参与到海洋文化遗产的保护和传承中。这一点韩国济州道文化遗产保护的成果和做法值得我们深思，济州道仅占地 1825 平方公里，却有 6 处遗产获得联合国教科文组织的认定并被列入《世界遗产名录》，这种单一地区高密度世界级遗产的列入水平世界罕见。这一方面是因为济州道人民高度重视和珍视本土有限的文化资源，对独特的地域文化保持一种高度的自信，并积极地向政府建言献策，全民海洋文化遗产保护的自觉参与意识高；另一方面也要归功于韩国在文化遗产保护上的全民合力，即针对一项遗产地提议、提案，政府力量会与商界、学界和民间等社会力量迅速联动、密切联系，在政府的高度支持和社会力量的主动参与、积极创新参与下高效地开展和推动遗产的申报保护工作。

6. 加强海洋文化遗产保护宣传，创造海洋文化遗产保护的良好公共环境

强有力的宣传和倡导能够提高公众对海洋文化遗产保护和传承的自觉性，让公众热爱、珍重、保护和传承自己的海洋文化遗产，进而形成海洋文化自信。一方面，要完善海洋文化相关公共服务设施，为海洋文化遗产的保护和传承创造良好的公共环境和氛围。另一方面，在博物馆、纪念馆等场所对海洋文化遗产进行展览和宣传，通过多方位的宣传，普及海洋文化遗产保护相关知识，让人们了解海洋文化遗产的同时认识到其重要价值和保护意义，增强公众保护和传承海洋文化遗产的意

识，让海洋文化遗产的保护、传承、发展成为公众的自觉行动，并积极参与、支持和监督山东海洋文化遗产的保护工作。例如，蓬莱市广播电视台播出的海洋文化遗产专题纪录片《古港与蓬莱》节目就让蓬莱人深入地了解了蓬莱厚重的海洋历史，起到很好的宣传效果。

7. 建立山东海洋文化遗产的申报保护机制

在遗产的申报保护上，山东海洋文化遗产一直面临"入选难"的困境，在山东，除了像威海石岛渔家大鼓这样的国家级非物质文化遗产外，还有一些兼具自然和文化价值的海洋遗产，然而这样的遗产并不符合中国"国家级海洋保护区""国家级海洋公园"的评选标准和要求，使这些能够体现山东海洋特色的自然与人文遗产难以走向国民的视野和世界的舞台。同时，山东海洋文化遗产的保护工作尚处于起步阶段，缺乏对海洋文化遗产的学术论证和申报公示相关的机构、机制，使在申报国家级文化遗产时，海洋类项目难以列入预备清单之中。对于一些海洋文化遗产的线路和空间，尤其是跨省、跨域的遗产项目，没有形成联合申报机制。因此，一方面，需要建立与国家级文化遗产的遴选标准、保护目标相一致的标准体系，成立海洋文化遗产申报专项负责小组，并与国家文物局形成专门对接[①]，组织专家对山东海洋文化遗产进行详细的研究论证，组织建立"山东省申报世界海洋文化遗产预备名录文本"；另一方面，既要着眼于积极推动山东海洋文化遗产申报国家级文化遗产工作，也要以更广的视野参与到全国和世界文化保护的行动中去，以广泛的参与获得更广的关注，树立山东海洋文化遗产保护的良好形象，比如积极参与海上丝绸之路的联合申遗工作，开展海上丝绸之路遗产点的保护研究活动；再比如充分利用山东青岛的国家文物局水下文化遗产保护中心北海基地优势，配合国家文物局开展胶州湾海域沉船调查，并积极协助中国以及共建"一带一路"国家海洋文化遗产的挖掘保护工作。

---

① 潘树红：《国际化语境下中国海洋非物质文化遗产的申报保护机制》，《中国海洋经济》2021年第1期。

（三）建立海洋文化遗产数字化保护平台

数字时代，以人工智能、大数据等为主导的数字信息技术为中国海洋文化遗产的保护与传承带来了新的方法和思路，山东省蕴藏着极为丰富的古代海洋文化遗产，深入梳理形成山东海洋文化遗产的基因序列并以此建立数据库，将弥补山东海洋文化遗产保护的不足，为申报国家海洋文化遗产，以及联合申报世界文化遗产提供重要参考。因此，有必要利用空间信息技术对山东海洋文化遗产进行数据库建设，搭建基于地理空间参考的山东海洋文化遗产数据库，以此为基础构建山东海洋文化遗产数字化保护平台，通过平台的"赋权""赋能""赋意""应用与实践"等措施，建立山东海洋文化遗产保护和传承的创新机制。

1. 山东海洋文化遗产数字化保护平台的赋权

在对山东海洋文化遗产资源进行充分挖掘的基础上，通过数字平台的赋权，对山东海洋文化遗产资源进行确权管理，明确数字化保护平台建设的主体和权责分配。首先，对山东海洋文化遗产资源进行确权管理，即对山东海洋文化遗产资源进行分类登记、备份和保存，并明确其知识产权，提供海洋文化遗产的知识产权解决方案。其次，明确数字化平台赋权下海洋文化遗产保护主体的变化，将海洋文化遗产的保护由原来的"以政府为主体"转向数据网络连接下的"全民参与"和"全民共享"，充分发挥多元主体的力量。最后，确定数字化平台赋权下个体参与海洋文化遗产保护的权责，明确政府、市场主体和公众等多元主体在海洋文化遗产数字化保护平台建设中的参与权利和责任义务，形成政府引导下人人参与的模块化、节点式海洋文化遗产保护和传播方式。

2. 山东海洋文化遗产数字化保护平台的赋能

赋能即通过数字化保护平台的建设，将山东海洋文化遗产的创新活化保护迈向遗产数字化平台保护与治理的行动集合。首先，结合山东海洋文化遗产保护工作的具体需求和数字赋能的特征，提出山东海洋文遗产数字化保护平台构建的基本原则和目标。其次，对山东海洋文化遗产资源进行数据化信息采集，根据山东海洋文化遗产资源摸底调查所得到的不同遗产类型、属性特征、历史、数量和空间分布等信息，进行文字、图像、音频、视频等不同形式的数字化转化和保存，形成不同分类的山东海洋文化遗产数据信息。最后，构建山东海洋文化遗产数字化保护平台的具体模块，包括数据系统模块、平台检索模块、平台管理维护模块等。其中，系统模块的构建需要将挖掘和梳理后的山东海洋文化遗产数据进行录入与定期补充，并利用数字技术对山东海洋文化遗产进行分析和处理，建立山东海洋文化遗产价值的评估与等级分析体系，通过数据系统模块的建设与完善，能够再现山东海洋文化遗产的空间分布、空间结构、空间密度等基本特征；平台检索模块的搭建需要依托山东海洋文化遗产的具体分类体系，按照内容、线路、区域等方式设置多样化、人性化的检索方式，并设置个人中心，打通山东海洋文化遗产保护"人人参与""人人共享"的渠道；平台管理维护模块的设置即借助数字化保护平台对山东海洋文化遗产的数据内容进行发布，根据公众对海洋文化的需求进行海洋文化遗产供给服务的完善，另外也包含了对数字化保护平台系统的维护，以及对系统大数据信息的反馈分析等。

3. 山东海洋文化遗产数字化保护平台的赋意

平台的赋意，即充分发挥数字化保护平台建设对山东海洋文化遗产传承和保护的作用与意义，这部分可分别选取山东烟台、青岛、威海、日照、东营、潍坊、滨州6个沿海地市的海洋文化遗产典型案例，探索如何借助平台来实现海洋文化遗产的广泛普及以及传播，通过数字化保护平台的建设，打造山东海洋故事、山东海洋文化、山东海洋文明的集成叙事平台，推动山东海洋文化遗产的创造性、活化保护以及创新性传承传播。

4. 山东海洋文化遗产数字化保护平台的应用与实践

通过数字化保护平台的构建，探索符合时代逻辑和山东海洋战略需求的海洋文化遗产保护和应用的具体实践路径。首先，对山东海洋文化遗产资源进行分级保护，综合考虑山东海洋文化遗产的重要价值与空间特征，确定山东海洋文化遗产的核心保护区、重点保护区等分级保护的范围以及保护对策。其次，基于数据库建立山东海洋文化遗产的实时动态监测与评估体系，时刻监测山东海洋文化遗产的可持续发展与保护情况；再次，借助建立的数字化保护平台，创新山东海洋文化遗产的公众参与和教育的途径、方法，将海洋文化的普及教育与海洋文化遗产的保护传承工作结合起来；最后，利用山东海洋文化遗产数字化保护平台，探讨建立与中国其他沿海省份、与共建"一带一路"国家进行海洋文化遗产保护合作的新机制。

（责任编辑：徐文玉）

财政政策推动青岛海洋主导产业发展的
内在机理与策略优化

田　文 *

摘　要　为了挖掘海洋经济发展的潜力、进一步提高海洋经济对经济增长的贡献率，必须大力培育和支持海洋产业的发展。本文以政策工具理论和主导产业理论为理论基础，剖析财政政策推动海洋主导产业发展的内在机理，认为应充分发挥海洋主导产业具备的关联带动效应和引领产业发展趋势的特点，加大对海洋主导产业发展的政策支持力度。在此基础上，本文结合青岛现行的财政政策和海洋产业发展的实际，提出运用税收优惠、政府引导基金、海洋公债和专项转移支付等财政政策工具推动海洋主导产业发展，以期推动青岛海洋经济的高质量发展。

关键词　海洋经济　海洋产业　主导产业　财政政策　税收优惠

一　海洋主导产业的界定与特征

（一）海洋主导产业的界定

海洋产业的规模及其关联带动作用各异，发展速度与前景不尽相同，对海洋经济发展的贡献度亦有所区别。国家质量监督检验检疫总

＊　田文，山东社会科学院山东省海洋经济文化研究院会计师，主要研究领域为财税政策。

局、中国国家标准化管理委员会发布的《海洋及相关产业分类》（GB/T 20794—2021）将海洋经济划分为 22 个海洋产业大类和 6 个海洋相关产业大类，是近些年来中国开展海洋产业统计、管理和研究依据的国家标准。在这 28 个海洋产业及相关产业的划分基础上，又可细分为核心层产业（12 个）、支持层产业（10 个）和外围层产业（6 个），从而形成了 28 个大类、3 个层次的海洋产业划分体系。[①] 其中，能够通过科技进步和科技创新等技术条件的改变而产生新的生产函数，在海洋经济的发展中具备更强的技术能力和更好的发展前景，并能通过自身的发展辐射带动其他产业发展的产业类别，通常作为海洋主导产业。

需要明确的是，海洋主导产业不一定全部源自海洋经济核心层的 12 个主要海洋产业。处于支持层的海洋科研教育管理服务业，甚至处在海洋经济外围层的各类海洋相关产业，也可能形成某一区域的海洋主导产业。虽然 12 个主要海洋产业通常占据国家海洋经济活动的主要部分，但在考察区域海洋产业活动时，应结合区域的海洋经济发展条件、各海洋产业的实际规模以及产业之间的经济联系，运用相关性分析、贡献度分析以及趋势分析等方法，对区域内的海洋主导产业进行界定。[②]

（二）海洋主导产业的特征

海洋主导产业不能仅以单一的经济规模标准来识别，而应该站在产业结构演进的角度，理解其在海洋产业结构优化升级中的关键作用。海洋主导产业与一般经济部门中的主导产业类似，具有区域主导产业的一般特征，同时也具备海洋经济的特性。与其他海洋产业相比，海洋主导产业在发展动力、发展趋势以及与其他产业的关联带动效应方面具有更显著的优势。

[①] 何广顺、王晓惠：《海洋及相关产业分类研究》，《海洋科学进展》2006 年第 3 期。
[②] 秦宏、谷佃军：《山东半岛蓝色经济区海洋主导产业发展实证分析》，《海洋科学》2010 年第 11 期。

从发展的动能来看，海洋主导产业展现出卓越的科技应用能力、可持续的产业发展模式以及合理的业态布局。这使海洋主导产业不仅具备较高的产出水平和快速增长的势头，同时也能够高度契合市场需求。作为海洋产业活动的重要组成部分，海洋主导产业相对较大的产业规模和市场规模，直接决定了区域内的海洋产业结构，在整个海洋经济发展中扮演着至关重要的角色，是推动海洋经济持续、健康、快速发展的关键因素。

从发展趋势来看，海洋主导产业本身具备通过科技创新产生新的生产函数的能力，因此在产业结构调整与升级的进程中不会被淘汰，而是展现出广阔的发展前景和良好的增长趋势。海洋主导产业对海洋经济产业结构的重要影响不仅体现在静态的总量规模上，更重要的是其能够动态决定整个海洋产业结构的发展方向，并通过科技创新和产业升级促进整个产业结构的调整和优化。对一项海洋产业而言，即使产业规模巨大，但如果不能通过科技创新及时进行改造和升级，跟不上产业结构的演进，就不能对整个海洋产业产生主导作用，如未能及时转型的传统海洋渔业和技术水平落后的海洋低端装备制造业。相反地，一项海洋产业即便尚处在产业生命周期的前期发展阶段，经济规模占整个海洋产业的比例较小，但是却代表了海洋经济的发展方向，能在海洋产业结构的调整中发挥关键作用，就能成为区域海洋经济的主导产业，如拥有重大突破的海洋生物医药业和具备关键核心技术的海水利用业。

从关联带动效应的角度来看，海洋主导产业不仅本身具备强大的发展潜力，而且可以通过其自身的发展来激发各生产要素的持续投入，保持相关产业的经济活动，推动区域内的经济社会进步，甚至孕育新的产业部门。海洋主导产业具有明显的回顾效应、旁侧效应和前向效应，其旺盛的市场需求能够为上游关联产业创造大量产品需求，同时也能带动产业链中的下游部门，对下游关联产业产生推动力。海洋主导产业能够对海洋经济的发展产生重要影响，很大原因就在于其能够发挥巨大的关联带动效应，通过各种经济技术联系影响多类其他产业活动，形成良性发展的产业闭环。

二 财政政策推动海洋主导产业发展的内在机理

（一）财政政策工具支持产业发展的内在机理

政策工具在政府施政过程中扮演着至关重要的角色，它不仅是连接政策目标和政策结果的桥梁，也是政府实现各项政策目标的重要手段。自第二次世界大战以来，随着政府工作效率下降和福利国家政策失效等现象的出现，学界逐渐将政府治理的研究重心从对体制和结构的考察转向对技术层面的研究，即对政府治理工具的研究，从而更深入地了解政府如何运用各种政策工具来实现政策目标，进而提高政府治理的效率和效果。

根据政策工具理论，政策工具是政府实现政策目标的重要手段，政策工具的缺失是导致政策失效的重要原因之一。因此，政府必须根据特定的政策目标，灵活运用各种政策工具，包括自愿性工具、强制性工具和混合性工具，以实现政策意图并发挥公共政策的管制或激励作用。在运用政策工具时，政府需要注重其适用性和有效性，以确保公共管理目标的有效实现。本文试图在政策工具理论的指导下，通过考察各类财政政策工具的可选择性和适用性，提出促进海洋主导产业发展的对策建议。

财政政策作为政府实施宏观调控的重要手段之一，与货币政策相互配合，共同调节经济运行。财政政策对海洋产业的发展具有较强干预性，取得政策效果的时效性强，可为政府实行产业结构调整提供支持。[①] 在海洋经济的发展过程中，政府可采取一系列政策措施为海洋主

---

① 章晓雯：《财政政策在产业结构优化中的重要性研究》，《产业与科技论坛》2019年第16期。

导产业提供支持和引导，如税收优惠、政府购买服务、财政一次性补助、财政贴息、财政担保以及转移支付等，进而推动整个海洋经济的增长。

财政政策工具可划分为政府收入政策工具和政府支出政策工具。从政府收入政策工具的角度来看，税收政策是政府主要的收入手段。通过合理设计税制，特别是税收优惠制度，可以在保障财政收入稳定的同时，以税式支出的方式对海洋产业的发展进行调节。① 从政府支出政策工具的角度出发，财政资金对海洋经济领域的投入规模对各类海洋产业的发展速度具有直接的影响。对于海洋主导产业，财政补贴的力度也会直接影响相关产业的扩大再生产和调整升级。政府可以通过运用政府扶持政策，引导海洋主导产业的发展方向，激励涉海企业扩大生产和改造落后产能，从而吸引社会资本对海洋产业领域进行投资。

（二）海洋主导产业推动海洋经济发展的内在机理

主导产业理论将经济划分为三个部门，即主导成长部门、辅助成长部门和派生成长部门。② 其中，主导成长部门具有三个特征：一是能够通过科技进步获得新的生产函数；二是拥有持续高速的增长率；三是扩散效应较强，能够对其他产业产生巨大的影响。正是这些数量有限的主导产业的规模的迅速扩大，使经济体能够在各个时期保持向前发展的冲力，对其他产业的发展影响很大，甚至起决定作用。

主导产业理论被广泛应用于区域主导产业的研究之中，并在发展中吸收了区域经济学的理论和研究方法，为区域主导产业的选择提供了理论支持。基于以上理论，某一区域应选择扩散效应最大的经济部门作为

---

① 陶长琪、刘振：《地方财政政策对产业结构升级的影响——以中国 14 个副省级市为例》，《南昌工程学院学报》2016 年第 3 期。

② Walt Whitman Rostow, *The Stages of Economic Growth: A Non-Communist Manifesto* (London: Cambridge University Press, 1960), p. 67.

重点发展对象，通过这些主导产业的发展带动其他产业的增长和社会的发展。对于青岛来说，要充分发挥财政政策对青岛海洋经济发展的推动作用，必须将政策支持的重点放在扩散效应最大的海洋产业上，即关联带动效应最强的海洋主导产业，才能通过对部分产业的重点支持带动更多相关产业共同发展，避免出现重复投资与产能过剩等负面结果①，提高政府支出的乘数效应，以有限的财政投入获取最大的政策效益。

海洋主导产业的发展会通过三个路径作用于海洋经济的整体发展：一是海洋主导产业因其较大的产业规模和较快的发展速度，能够产生大量的生产资料需求，这将刺激上游产业不断增加生产供给以满足海洋主导产业的发展需要，从而为海洋主导产业生产资料的供给部门带来更多的发展机会；二是海洋主导产业具有较高的关联带动性，这不仅体现在对上游产业的生产刺激，还体现在经济、社会的其他方面，如带动当地基础设施的建设和完善，优化区域经济的产业结构，提高劳动人口的整体素质，推动良好市场环境的建立等，对海洋主导产业的财政支持既能够收到经济效益，又能够收到社会效益；三是海洋主导产业的发展能够带动科学技术的不断突破，这些科技创新不但使海洋主导产业保持高速发展，也引领着产业的发展方向，培育和催生新的经济业态和产业部门，推动海洋经济产业结构的调整和升级。

三 青岛财政政策支持海洋产业发展的现状与问题

（一）青岛海洋产业发展及财政政策支持的现状

2022 年，青岛市的海洋产业生产总值达到 5014.4 亿元，同比增长 7.5%，占全市地区生产总值的比重为 33.6%，占全省地区生产总值的

---

① 包群、唐诗、刘碧：《地方竞争、主导产业雷同与国内产能过剩》，《世界经济》2017 年第 10 期。

比重为 30.8%，占全国 GDP 的比重为 5.3%，海洋经济总量在全国沿海同类城市中位列第一。① 青岛市海洋产业门类齐全，涵盖海洋渔业、海洋工程建筑业、海洋化工业、海洋油气业、海水淡化与综合利用业、海洋交通运输业、海洋旅游业等多种产业，在青岛 15 个主要海洋产业中有 80% 的产业规模居山东前列，部分海洋产业在全国处于领先地位，产业结构相对均衡，海洋战略性新兴产业保持快速增长，蓝色金融、海洋牧场、崂山实验室、"国信 1 号"等海洋经济项目取得丰硕成果，为青岛市的经济结构调整和产业升级做出重要贡献。

从近 10 年青岛市海洋产业生产总值占地区生产总值的比重来看，2014 年首次突破 20%，此后逐年递增，至 2021 年突破 30%，约占地区生产总值的 1/3，成为地区经济发展的重要支柱，经济地位日益重要（见图 1）。

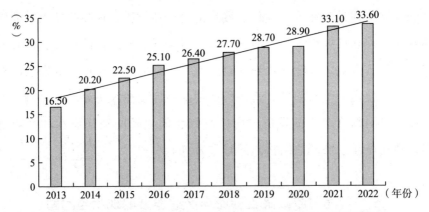

图 1　2013~2022 年青岛市海洋产业生产总值占地区生产总值的比重

资料来源：根据青岛市海洋发展局、青岛市统计局、青岛市发展和改革委员会公开数据整理。

从已出台的支持海洋经济发展的财政政策来看，中央、山东省、青岛市三个层级都出台了一些政策文件，重点支持领域涵盖远洋捕捞、海

---

① 《核心产业发力，青岛"蓝色 GDP"超五千亿元》，观海新闻网，https://www.guanhai.com.cn/p/258186.html，最后访问日期：2024 年 8 月 5 日。

洋高端装备制造、海水淡化、海洋水产品加工、海洋牧场、海洋科技创新、海洋药物、海洋产业链延伸、渔港经济技术建设、海洋生态保护、海洋基础设施建设等多重领域（见表1）。

表1　中央、山东省、青岛市支持海洋经济发展的主要财政政策文件

政策层级	政策文件	出台年份
中央级	《关于"十三五"期间中央财政支持开展海洋经济创新发展示范的通知》	2016
	《财政部、交通运输部、农业部、国家林业局关于调整农村客运出租车、远洋渔业、林业等行业油价补贴政策的通知》	2016
	《国家税务总局关于饲用鱼油产品免征增值税的批复》	2003
	《关于全面推开营业税改征增值税试点的通知》	2016
	《中华人民共和国企业所得税法》	2007
	《中华人民共和国企业所得税法实施条例》	2007
	《财政部 国家税务总局关于发布享受企业所得税优惠政策的农产品初加工范围（试行）的通知》	2008
	《财政部 国家税务总局关于享受企业所得税优惠的农产品初加工有关范围的补充通知》	2011
	《中华人民共和国城镇土地使用税暂行条例（2006年修订）》	2006
省级	《山东海洋强省建设行动方案》	2018
	《山东省财政厅、中共山东省委组织部、山东省发展和改革委员会等16部门印发关于支持海洋战略性产业发展的财税政策的通知》	2019
	《山东省农业农村厅关于做好2019年渔业成品油改革财政补贴有关工作的通知》	2019
	《山东省现代化海洋牧场建设综合试点方案》	2019
	《中共山东省委办公厅 山东省人民政府办公厅印发〈关于支持新旧动能转换重大工程的若干财政政策〉及5个实施意见的通知》	2018
	《山东省海域使用金减免管理办法》	2019
市级	《关于加快建设蓝色粮仓的实施意见》	2014
	《关于落实支持新旧动能转换重大工程财政政策的实施意见》	2018
	《关于支持"蓝色药库"开发计划的实施意见》	2019
	《关于印发〈山东半岛蓝色经济区海洋人才创业中心创新创业项目引进与管理办法〉的通知》	2017

续表

政策层级	政策文件	出台年份
中央级	《青岛市新渔业发展专项建设项目实施方案》（2020 年修订）	2020
	《青岛市海洋经济创新发展示范城市专项资金管理办法》	2020

资料来源：作者整理得出。

从财政资金安排来看，除了青岛本级财政利用政府投资、政府补助、税收优惠等政策工具支持海洋产业发展外，中央和省级财政也加大了对青岛海洋经济的资金投入力度。以 2016 年青岛获批海洋经济创新发展示范城市获得的财政支持为例，中央财政对青岛海洋经济安排了 3亿元专项支持资金，设定了 30% 的中央财政补助比例支持远洋渔船的更新改造，安排政府补助支持远洋渔业基地的公益性建设部分，山东省级财政也安排了 4 亿元海洋经济创新发展示范城市配套资金，同时引导超过 160 亿元的社会资金投资青岛示范城市建设。

总的来看，青岛海洋产业的经济地位不断提升，各类海洋产业发展规划陆续出台，海洋产业结构持续优化，海洋经济发展的财政支持政策逐步加码，各级财政对海洋产业领域的资金投入不断增加。在宏观经济运行面临下行压力的背景下，以专项资金、税式支出、财政补贴等方式对涉海企业施行的各类支持政策得到广泛运用，为涉海企业的生产经营提供了有力的支持，有力推动了青岛海洋经济的平稳发展。

（二）青岛财政政策支持海洋产业发展存在的问题

1. 财政政策的导向作用较弱

尽管近年来已经制定了一些旨在推动青岛海洋产业发展的财政支持政策，但这些政策的导向作用并不显著。目前，从中央到地方都开始更加重视海洋经济在国家经济发展中的地位，经略海洋的意识正在逐步增强，财政资金也开始向海洋经济领域倾斜。但是，财政支出政策没有有效契合海洋经济发展的需求，中央和地方出台的各类财税政策有待进一步整合。① 现有的财政政策对海洋经济发展的支持主要集中于某个或某几个产业领域，各产业领域的支持政策关联度不高，重点支持方向不够明确，政府对海洋产业发展方向的导向作用相对较弱。

从海洋战略性新兴产业的支持政策来看，政策文件中已提出对海洋战略性新兴产业发展的支持，例如安排中央财政资金支持海洋生物、海洋高端装备和海水淡化等产业的发展②，针对现代海洋渔业、海洋生物医药业、海洋装备制造业和新材料产业、海水淡化及综合利用产业、海洋旅游业等海洋战略性产业制定了财税政策③，将中央财政安排的专项资金明确用于支持海洋生物、海洋高端装备、海水淡化与综合利用等海洋产业的发展④。然而，这些政策文件并未对海洋战略性新兴产业的发展做出整体性、系统性的财政支持规划，缺乏对青岛海洋战略性新兴产业的战略定位，难以对青岛海洋战略性新兴产业的发展发挥引领作用。

2. 财政政策的针对性不强

从青岛海洋产业发展的现状来看，青岛工程装备制造业和滨海旅游业的产业转型升级尚未得到有效推动，海洋科研实力与涉海企业科技水平之间的差距也未得到有效缩小。现有财政政策虽然安排了对海洋高端装备行业的资金支持政策，但将其与海洋生物和海水淡化与综合利用一同作为海洋经济创新发展的支持对象，对海洋工程装备制造业支持的针对性和力度都有不足。⑤ 现有政策提出对邮轮旅游的奖补方案，但缺少针对海洋主题公园、高端休闲度假、大型旅游综合体等能直接提升青岛

① 韩凤芹、付阳、武靖州：《我国海洋经济发展的财税政策效果评估及优化建议》，《财政科学》2016 年第 10 期。
② 《关于"十三五"期间中央财政支持开展海洋经济创新发展示范的通知》（财建〔2016〕659 号）。
③ 《山东省财政厅、中共山东省委组织部、山东省发展和改革委员会等 16 部门印发关于支持海洋战略性产业发展的财税政策的通知》（鲁财资环〔2019〕17 号）。
④ 《青岛市海洋经济创新发展示范城市专项资金管理办法》（青海规〔2020〕2 号）。
⑤ 《关于"十三五"期间中央财政支持开展海洋经济创新发展示范的通知》（财建〔2016〕659 号）、《青岛市海洋经济创新发展示范城市专项资金管理办法》（青海规〔2020〕2 号）。

滨海旅游产业发展水平的项目的财政支持举措。①

在支持海洋产业的科技创新方面，尽管出台了对引进的海洋领域创新创业团队和人才的所得税优惠政策及资金扶持政策，但依然是对涉海科研机构、科研项目和科技人才的直接奖补，缺乏对改进青岛海洋科技成果转化机制的支持。尽管青岛海洋科研技术力量雄厚，拥有占全国总量 1/5 的海洋科研机构和占全国近 1/3 的涉海两院院士，但涉海企业的科技研发能力并不强。

产生以上挑战的原因在于缺乏富有针对性的财政政策解决方案。青岛的海洋经济整体规模较大，但各海洋产业的发展规模和发展水平不一。现有财政政策对青岛海洋产业发展的支持分散在多个主体，包括财政部门、税务部门、农业部门、海洋渔业部门以及人社部门等，发布的政策文件中。此外，涉海税收优惠政策散见于多部税收法律法规中，对海洋产业的财政支持缺乏针对性，直接奖补涉海企业的政策的作用只是治标不治本。

3. 财政政策的手段不够丰富

在政府补助方面，当前政策主要采取财政直接拨款奖补的方式。例如，对深远海设施或装备如海洋牧场项目、深水智能网箱、大型养殖工船、深远海看护平台等，直接拨付一定的补助金额；对减船转产的渔民，以一定标准直接发放补助；对青岛市重点支持的海洋产业如海洋生物医药业、海水淡化及综合利用业、海洋旅游业等，直接发放一次性补助；等等。这种补助方式虽然在一定程度上促进了相关产业的发展，但也导致资源分配不均衡，对于不同项目或企业的具体情况和需求考虑不足，一些真正需要资金支持的项目或企业可能无法获得足够的支持。

在减税降费方面，主要是依据各类税费法律法规，对涉海企业的一些税种和费用进行减免。例如，对饲用鱼油、水生动物的配种和疾病防

---

① 《关于落实支持新旧动能转换重大工程财政政策的实施意见》（青办发〔2018〕47号）。

治免征增值税，对远洋捕捞企业免征企业所得税，对海水养殖企业减半征收企业所得税。此外，从事港口码头建设的中外合资经营企业可享受企业所得税"两免三减半"或"五免五减半"的定期减免优惠。对于从事捕捞业的个人、个体户或投资者免征个人所得税，并免征捕捞、养殖渔船的车船税等。这些税收优惠政策对青岛海洋主导产业发展的支持大多基于各税种对经济领域的通用规定，而针对海洋产业的特别税收规则相对较少，许多税收优惠手段在海洋产业领域尚未得到广泛应用。

四 财政政策工具支持海洋主导产业发展的优化策略

（一）建立健全海洋主导产业税收优惠体系

目前，针对海洋产业的税收优惠政策主要分散在各类税种的普惠性法规中，缺乏针对海洋主导产业的专门优惠，税收优惠政策的纵向支持力度不够。[①] 同时，现有税收优惠政策对各类海洋产业的覆盖面较窄，较多海洋产业无法享受优惠。为了充分发挥税收政策工具对海洋主导产业的推动作用，有必要制定针对海洋主导产业的专门税收优惠政策。

在海洋农业税收政策的制定和实施过程中，应充分考虑其季节性生产和生产主体零散的特点，制定适应其生产方式的税收征缴方式，以确保税收政策的公平性和有效性。同时，要注重加强对中小企业的税收政策辅导，确保他们能够充分了解并享受到税收优惠。应将扶持农业发展的一般性优惠政策细化并落实到海洋牧场建设和远洋渔业中，扩大海洋牧场建设和营运中可享受减免税的业务范围，降低远洋渔业企业投资远洋作业渔船的税负。

青岛的传统海洋工业具有体量巨大、投资期长等特点，面临经济下行和淘汰落后产能的压力，可针对该类企业增值税留抵税额较大的特

---

① 李俊葶：《通过税收政策优化 促进海洋经济发展》，《财会月刊》2020年第5期。

点，制定专门的留抵退税政策，允许其将期末增值税留底税额申请退税，以减少因增值税销项税额难以大量实现而产生的进项税额累积，从而减轻对企业资金的占用。此外，青岛以海洋工程装备制造业为代表的海洋战略性新兴产业已形成规模可观且产业带动作用强的产业集群，建议制定专门的高端技术装备进口优惠政策，包括免征或减征进口环节增值税和关税，并延长企业所得税减免时限，以降低企业成本，提高产业竞争力。

作为青岛市海洋第三产业中的主导产业，滨海旅游业正向度假、康养、文化等高端旅游转型，建议对大型旅游项目和新型旅游业态项目制定增值税免征、即征即退的税收优惠政策，以促进旅游大项目的引进和建设。青岛海洋交通运输业因港口整合、技术提升、物流体系建设等原因而有巨大的资金需求，建议制定海洋交通运输业固定资产投资和技术研发的专门抵扣政策，扩大相关企业增值税抵扣范围，同时缩短税收返还时限以减轻企业运营的资金压力。

（二）引导社会资本加大海洋主导产业投资规模

面对海洋产业巨大的资金需求，仅将财政资金作为财政政策工具的资金来源是远远不够的，亟须通过财政政策的引导，吸引更多的社会资金参与投资。建立政府引导基金平台，将满足青岛海洋主导产业的资金需求作为基金的募集和使用范围，科学设定政府出资比例，并建立全过程绩效评价机制和财政资金的退出机制，是引导社会资本加大海洋主导产业投资规模的有效方式。

为避免产生基金项目繁杂、政策目标重复、资金闲置浪费等负面现象，加强对募集资金使用的监管，确保社会资金的有效利用，建议将以下方面作为社会资本的重点资金投向。一是海洋高端装备制造业方向，对投资建设深远海资源勘查和开发利用专用设备、智能深海养殖网箱、超大型集装箱船、转型载人潜水器、无人潜水器、海洋油气资源开采船舶等高端海工船舶的装备制造企业给予资金支持，推动海洋高端装备制造业的快速发展。二是海洋药物与生物制品业方向，积极引导社会资本进入海洋生物医药企业的科技研发领域，在支持海洋生物医药企业提高仿制产品质量的同时，鼓励企业进行自主创新，支持建设海洋生物基因库、海洋生物医药的资源和数据中心、海洋生物样本库等，为科研人员提供全面的数据和资源支持，推动海洋药物与生物制品产业的科技创新和发展。三是枢纽港口的转型升级方向，保障港区公路、疏港铁路以及海铁联运配套设施建设的资金需求，完善港口航道、防波堤等公共基础设施建设，提高对平安港口、绿色港口、智慧港口建设项目的投资水平，以提升港口的运营效率和现代化水平，增强其在国际物流中的竞争力。四是滨海旅游业方向，引进大型综合旅游项目，投资开发沙滩运动、内海巡游、摩托艇、帆板帆船、公海无目的地游等游览休闲项目，支持以海洋文化、海洋生物、海洋科技为主体的民俗村或场馆项目建设，推动青岛滨海旅游业的转型升级。

（三）提升海洋主导产业科技创新公共支出水平

海洋产业的发展离不开海洋科技创新的推动，对海洋科技创新的投入是影响中国海洋经济高质量发展的重要因素之一。[①] 海洋企业是海洋产业的直接参与主体，会自发投入资金进行技术攻关，提升技术水平。海洋企业的科技创新投资偏好能够带来直接经济效益，但技术层面无法支撑海洋科技领域内的重大基础研究，需要政府加大对海洋科技创新的公共支出力度，尤其是对海洋主导产业科技领域的基础研究进行资金投入，以提升海洋产业整体的科技创新水平。

为了加强海洋基础研究，需要完善政府科技支出用于基础研究的经费统计和增长机制，逐步提高基础研究经费支出在研究与试验发展

---

① 崔曦文、朱坚真：《海洋经济高质量发展影响因素测度与实证研究——基于主成分分析的实证》，《广东经济》2020 年第 8 期。

（R&D）经费支出中的比例。建议可在海洋基础科学研究中心布局建设方面加大投入力度，聚焦海洋产业发展的前沿问题，加大对海洋战略性新兴产业的前沿科技问题的投资力度。通过提高基础研究支出比例、完善经费统计和增长机制、布局建设海洋基础科学研究中心以及聚焦海洋产业发展前沿问题，可以为海洋科技创新的持续发展提供有力支持。

对海洋科技创新的公共支出还需注重科技成果的转化机制。青岛在海洋科研方面具有显著优势，但一些优秀的海洋科研成果在当地研发，却在外地转化落地，海洋科研成果未能充分转化为促进海洋产业发展的经济效益。为破解科技成果转化的难题，除了加大财政投入力度，更需要对科技创新公共支出的投入结构进行调整，不再以科研院所和高校为投资主体，而是围绕海洋产业发展过程中的科技需求，建立以海洋企业为中心的科技公共支出投入机制。

与此同时，要调整应用研究成果的评价机制，注重以转化的经济效益为评价应用研究价值的主要标准，而非仅依赖论文或专利的数量来衡量科技成果的价值。将科研人员的实际贡献与涉海企业的经济效益相结合，激励科研人员以涉海企业需求为导向开展应用研究，鼓励涉海科研机构与海洋企业开展项目合作，共同建立海洋科技创新中心和海洋科技重点实验室等校企科研合作载体，畅通科研机构服务地方经济发展的机制。

（四）完善海洋公债及涉海专项转移支付制度

在当前减税降费政策持续出台和经济下行压力日益加大的背景下，建立健全海洋主导产业专门税收优惠政策体系和施行提升海洋主导产业科技创新公共支出水平的政策，必然从财政收入和财政支出两个方面给政府带来资金压力。政府使用的财政政策工具如果过度依赖税收，便会陷入资金安排的困境。政府应灵活运用各种财政政策工具，在现有的绿色债券和蓝色债券等企业债券发行操作的基础上探索发行海洋公债，同时完善涉海专项转移支付制度，保障支持海洋主导产业发展的政策目标的落地。

公债市场的建设与完善在国民经济循环中发挥着至关重要的作用，有助于提高金融资本市场的流动性和效率，为各类投资者提供多元化的投资选择，进一步畅通金融资本市场渠道，同时提高宏观调控政策的针对性和有效性。[①] 相较于绿色债券，海洋公债更关注滨海旅游业、海洋交通运输业、海洋工程装备制造业、海洋生物医药业、海水淡化业等海洋主导产业和海洋战略性新兴产业，能更好地破解这些产业的中长期筹资难题。政府应充分利用蓝色经济公债工具，引导社会资金积极参与海洋主导产业的项目建设，提高投资主体对海洋主导产业发展的关注度。

在多级财政管理体制中，本级和上级的财政支出是影响本级经济增长的重要因素。[②] 涉海专项转移支付是支持海洋产业发展的重要政策工具，现行的主要有海洋生态保护修复资金、海岛及海域保护资金、战略性新兴产业发展资金、船舶报废拆解和船型标准化补贴等涉海专项转移支付资金。相较于一般性转移支付，专项转移支付在实际运用中还存在一些问题，如资金使用透明度不高、缺乏刚性责任追究机制等，亟待进一步完善。

首先，要对各类涉海专项转移支付资金进行科学整合，将那些具有一般性支出性质的款项纳入一般性转移支付，减少专项转移支付的项目数量，提高涉海专项转移支付的政策支持针对性。其次，要明确涉海专项转移支付的支持领域，有针对性地对海洋主导产业的核心领域和关键环节进行转移支付，着力支持涉海企业的技术更新改造，淘汰落后产能，推动传统海洋制造业转型升级。再次，要综合运用以奖代补、风险补偿、资金配套等各类财政政策工具，加大涉海专项资金转移支付的资

---

① 程远、胡秋阳、张云：《公债支持的财政扩张影响国民经济的资本市场渠道》，《数量经济技术经济研究》2022 年第 8 期。

② 熊若愚、吴俊培：《多级财政支出的经济增长效应——基于地市和省的镶嵌分析》，《财政科学》2021 年第 12 期。

金规模，并及时将资金拨付到支持主体，增强地方政府支持海洋主导产业发展的资金安排能力。最后，要加强对涉海专项转移支付资金的绩效管理，完善内部评价和监督机制，提升社会公众对涉海资金监督的参与度，提升涉海专项转移支付资金的使用效果。

（责任编辑：鲁美妍）

水产业采捕装备发展现状与提升对策[*]

赵　斌　李成林^{**}

摘　要　水产业采捕装备是促进水产养殖业高质量发展的重要因素之一。经过多年发展，当前国内水产业采捕装备已经在技术和应用等方面取得一定进展，陆续发展了水下目标自动识别系统、水下智能采捕机器人、全天候变水层连续捕捞系统等各种专业化采捕装备。然而，目前水产业采捕装备还存在应用性研发创新不足，采捕效率不高，适用性不强，信息化、自动化、智能化水平较低等问题，导致水产业机械化发展存在短板。基于水产业发展要求与实际需求，今后应加强采捕装备及其配套设备的研发，靶向生物学参数，提高采捕效率，促进装备研发的多学科融合，加强对企业设施装备研发的政策支持与国际合作，以促进水产养殖行业的可持续发展。

关键词　水产业　采捕装备　机械化　智能化

引　言

"十四五"全国渔业发展规划提出"提升渔业产业现代化水平"，农业农村部印发了《关于加快水产养殖机械化发展的意见》，2022年中

---

* 本文由山东省重大科技创新工程（2022CXGC020412）、山东省农业良种工程（2023LZGC019）、山东省现代农业刺参产业技术体系建设项目（SDAIT-22-1）共同资助。

** 赵斌，山东省海洋科学研究院副研究员，主要研究领域为捕捞学与水产增养殖。李成林，山东省海洋科学研究院研究员，山东省刺参产业技术体系首席专家，山东省泰山产业领军人才，主要研究领域为海洋生物遗传育种、增养殖与产业化开发。

央 1 号文件指出，"加快发展设施农业，推进智慧农业发展"。在水产业发展中，收获采捕过程是机械化设施装备应用场景较多、需求量较大的重要环节，水产业采捕装备的发展已成为促进现代渔业高质量发展的重要因素之一。经过多年发展，当前国内水产业采捕装备已经在技术和应用等方面取得一定进展，然而与水产业其他生产环节机械化装备发展相比，总体上仍存在信息化、自动化、智能化程度不高，成本居高不下，应用效率低下，推广普及率不高等问题。[①] 因此，进一步厘清水产业采捕装备发展现状，分析薄弱环节与短板，提出今后发展方向与思路，对于推动水产业设施和装备水平提升，促进渔业经济高质量发展具有十分重要的意义。

一 水产业采捕装备发展现状

进入 21 世纪以来，随着国内渔业经济的发展，水产业的机械化设施装备从无到有，取得了长足进步。与此同时，相对于农业其他领域，整体水平仍然偏低，水产机械化水平接近 30%。[②] 在目前的水产行业中，主要生产环节基本上具备了一些日常管理使用的设施装备种类，只是范围较为单一，多局限于增氧、投饵等设备，而采捕、环境调控、产品分选、废弃物收集处理等配套作业的装备相对较少。在水产业收获与捕捞领域，当前涉及的装备通常与其他生产环节的机械化装备交叉结合，具有一定的通用性。同时，不同的水域地区，生产规模以及采捕作业对象存在较大区别。本文根据采捕作业对象品种进行归类，分别予以阐述。

---

① 《农业农村部关于加快水产养殖机械化发展的意见》，《中华人民共和国农业农村部公报》2020 年第 12 期。
② 周小燕、倪琦、徐晧等：《2021 年中国水产养殖全程机械化发展报告》，《中国农机化学报》2022 年第 12 期。

（一）鱼类采捕装备

鱼类是中国渔业生产的主要品种，主要生产方式为养殖和捕捞，其产品总量占水产品总量的50%以上。[①] 在鱼类采捕领域，设施装备研发主要围绕海洋渔业、陆基池塘与工厂化养殖，以及海上网箱等设施养殖开展。

1. 海洋渔业捕捞设施与装备

海洋渔业捕捞设施与装备包括远洋渔业中各种专业化捕捞装备，以及传统渔具渔法的助渔系统装备，如海上集鱼设备、声呐探测仪器、浮标、船用采捕制冷设备、渔船灯具。海洋采捕的捕捞装备一般围绕渔船类型及渔业的作业方式进行相应配置。在渔业发展过程中，渔船作为从事近海水域、大洋性与过洋性捕捞作业生产的重要平台，其发展越来越受到国内渔业的重视，尤其是大型或特大型远洋渔船。远洋渔船的规模和采捕能力在一定程度上代表着一个国家的远洋渔业发展水平，同时也有助于拓展海洋渔业的发展空间。中国远洋渔业的主要采捕方式是拖网、围网、延绳钓等，2011年以来，国内渔船的更新及改造速度逐渐加快，过洋性沿岸作业拖网渔船、金枪鱼围网船、金枪鱼延绳钓船数量猛增，自主设计建造渔船数量比例也大幅上升，针对捕捞金枪鱼、鱿鱼、秋刀鱼的渔船制定出台了标准[②]，推动了国内远洋作业渔船的标准化发展。

拖网作业的捕捞设备主要为绞纲机，普遍采用液压传动技术；围网作业的捕捞装备包括绞纲机、动力滑车、舷边滚筒、尾部起网机、理网机等。有关研究机构研制出大功率高速深水拖网起网绞机用于远洋深水拖网作业，开发的深水拖网绞机能满足1000米深水拖网的作业需要，

[①] 农业农村部渔业渔政管理局、全国水产技术推广总站、中国水产学会编《2023中国渔业统计年鉴》，中国农业出版社，2023，第17页。

[②] 胡庆松、王曼、陈雷雷等：《我国远洋渔船现状及发展策略》，《渔业现代化》2016年第4期。

起网速度达110米/分。① 渔具材料对于捕捞效率提升和节能降耗具有基础性意义。经过相关科研院所的研究开发，卫星鱼情预报、洋流信息、自主式探鱼设备等新技术装备和系统已经运用于远洋捕捞中，降低了巡航无效性及能源消耗，提升了对鱼群侦测和捕捞的准确性。

2. 深海网箱养殖装备

深海网箱养殖技术是近年来发展起来的集新材料应用、海水防腐蚀技术、抗风浪技术、智能投饲监控系统、网箱养殖安全监控系统、苗种繁育等多种技术于一体的现代渔业高新技术产业，是中国实施水产养殖业增长方式转变行动的重要举措。

在深海网箱养殖环节，目前应用了液压传动与电气自动控制装备，用以自动起网收捕网箱内养殖鱼类。在远离海岸线的海域中设置大型网箱进行鱼类高密度养殖，日常进行人工投饵培育饲养或利用海水中的天然饵料养殖。大型围栏型深水网箱体积容量大、材质优良、透水性能强，并具有抗风浪能力强、生态高效、环保无污染等特点，与传统养殖方式相比，是一次新的技术革命，不仅使海水养殖高产优质高效，而且为海水养殖的可持续发展奠定了坚实的基础。

3. 池塘养殖渔具与设备

池塘养殖是鱼类养殖的重要方式，特别是淡水池塘养殖鱼类在鱼类生产中占有重要比例。传统池塘养鱼通用的收捕方式是拉网作业，其他捕捞渔具起补充作用。目前，收捕装备通常与投饲设施、分级设施相结合，如池塘起鱼单轨输送机、淡水鱼类捕获箱、养殖收获一体式容器，以及洄游性鱼类采捕水车装置等，这些设施通常成本较低、实用性较强，但自动化机械化程度不高。一些底栖习性鱼平时不喜游动，除摄食阶段外，一般栖息于池塘底部设置的隐蔽物如水泥管、废旧轮胎或潜于底泥中，对于这类鱼，传统的拉网式收鱼方法效率很低，且操作困难。

---

① 贺波：《世界渔业捕捞装备技术现状及发展趋势》，《中国水产》2012年第5期。

因而，在生产中一般采用地笼等定置式捕捞装置，但定置网具存在工作量大、采捕效果差、易造成鱼体受伤、影响产品表观甚至造成死亡等问题，影响养殖收益。针对于此，近几年鱼类养殖业研发了若干与养殖配套的诱捕暂养网箱、集鱼网等捕捞组件。

（二）虾蟹类采捕装备

中国是世界甲壳类产品的主要生产地之一。20 世纪 80 年代，中国已经成为世界上最大的产虾国，其中捕捞虾占有相当大的份额。在虾蟹类中占有重要比重的对虾养殖业起始于 20 世纪七八十年代的北部沿海地区，并在近几十年内得到迅速发展，中国于 2002 年成为全球最大的对虾养殖国。[①]

1. 池塘养殖采捕设施

目前，虾蟹类养殖产量已远超捕捞产量，养殖模式多元化发展，其中最重要的模式是池塘养殖。然而，虾蟹类池塘养殖中采捕环节的机械化生产发展较为缓慢，捕捞主要使用人工铺设底拖网、地笼网的模式，捕捞后的称重、计数、装运等环节也主要依靠人工。目前研发了针对凡纳滨对虾、日本对虾、克氏原螯虾、青虾、罗氏沼虾、蟹类等以网具为主要载体的捕捞收获系统及装置，而网具易导致虾蟹相互挤压，易因存放密度过高而引发缺氧，导致下游销售环节出现产品活力不足或死亡，对产品销售利润产生了显著的不利影响。

2. 远洋捕捞装备

虾蟹类捕捞主要分为海水捕捞和淡水捕捞，其中海水捕捞产量占比 90% 以上，主要捕捞对象为毛虾、对虾、鹰爪虾、虾蛄、梭子蟹、青蟹、蟳类等。在远洋渔业中，主要针对中国毛虾、南极磷虾等经济品种进行捕捞，目前仍主要采用传统的网板拖网作业形式。中国毛虾捕捞始

---

① 燕艳华、席兴军、初侨：《标准化助力中国对虾产业高质量发展的路径》，《中国渔业质量与标准》2022 年第 6 期。

于 20 世纪 50 年代，毛虾是国内产量最大的捕捞品种，但进入 21 世纪后，捕捞量开始骤减，自 2020 年起，我国开始实行毛虾限额捕捞政策。① 针对限额捕捞政策的实施，中国水产科学研究院东海水产研究所研发了捕捞渔船行为监测系统，对中国毛虾渔船的行为分析和其他种类渔业的监控起到关键作用。

南极磷虾资源蕴藏量丰富，在食品、水产饲料、营养品和制药方面均有广泛市场，世界各远洋渔业大国均持续提高捕捞效率，陆续参与到南极磷虾资源的开发与利用中，开发力度不断加大。挪威、韩国、中国、乌克兰和智利等国家，已经将建造专业的南极磷虾捕捞加工船列入了发展计划。中国对南极磷虾的商业探捕始于 2009 年，中船黄埔文冲船舶有限公司建造并交付使用了专业级南极磷虾捕捞加工船。2019 年，中国研制了首艘专业级南极磷虾捕捞船"深蓝号"，配备连续吸泵系统、全天候变水层连续捕捞等装备，推动了相关配套行业快速发展。② 南极磷虾船捕捞系统及装备技术研究不断取得进展，为今后进一步探明虾蟹类产品采捕装备发展的关键路径，突破传统海洋强国的技术垄断提供了发展方向。

（三）贝类采收装备

贝类养殖在海水养殖产量中占有最大份额。目前，中国拥有世界范围内规模最大的海水贝类养殖产业，其中扇贝、牡蛎年产量均占世界产量的 80% 以上。③ 同时，中国也是最大的贝类出口国，出口量和出口金额均居世界首位。如此庞大的产业规模对贝类增养殖工程化及设施装备提出更高的需求，根据贝类养殖模式的不同，现阶段贝类的采收装备可

---

① 张佳泽、张胜茂、王书献：《基于 3-2D 融和模型的毛虾捕捞渔船行为识别》，《南方水产科学》2022 年第 4 期。

② 张馨月、郑汉丰、刘勤：《南极磷虾捕捞加工船利用现状及趋势分析》，《海洋开发与管理》2022 年第 9 期。

③ 林丹、孙敏秋、张克烽：《福建牡蛎产业发展形势分析》，《中国水产》2019 年第 3 期。

分为吊养贝类采收装备和滩涂底播贝类采收装备。

1. 吊养贝类采收装备

吊养贝类采收装备主要针对牡蛎等大宗经济品种。传统吊养牡蛎的收获主要靠人工作业船，通过人工提起主缆绳，将牡蛎吊养串拉至船舱内，再运至岸边由吊车卸下，劳动强度较大，效率较低。当前设计的机械化采收装备主要包括牡蛎延绳提升的牵引设备以及水下输送、浮体分隔、吊绳切割、绳料分离等专用设备，并结合海上除杂清洗、高压喷淋清洗等设备，构成联合收获作业平台。相比人工收获方式，机械化采收效率可提高近10倍，采收能力可达5吨/时以上，不仅可以实现筏式吊养牡蛎机械化采收、脱料、清洗与打包等一体化生产作业，而且可以实现海上清洗，减少陆上污染，回收生物饵料等。[①] 此外，还有配备剥落机、筛分机的贻贝自动收获双体船，可大幅提升贻贝采收效率，同时避免损伤，提高贻贝存活率。

2. 滩涂底播采收装备

滩涂贝类通常分布在浅海区域的沙质、泥沙质，以及平坦河口型沿岸内湾的潮间带，具有潜沙习性，栖息于滩面以下。传统收获采用人工挖掘的模式，采收前通过振动或踩踏方式刺激贝类钻出沙面，传统采收方式工作效率较低，劳动强度较大。国内对滩涂贝类机械化采捕装备的研究始于20世纪50年代，70年代上海市渔业机械仪器研究所研发出隔膜真空式吸蚬机，可对缢蛏等贝类进行采收。[②] 1980年至1981年青岛市农业机械科学研究所对贝类采捕机械进行了设计、试制、试验工作，利用加压水流冲起海底泥沙，随牵引装置引导收集贝类和泥沙混合物后过滤。此种方法适用于硬壳贝类采捕。[③] 21世纪后，陆续出现了以蛤蜊、文蛤等大宗底栖贝类为主要采捕对象的机械，目前研发的采收装

① 徐文其：《中国牡蛎机械化采收技术研究进展》，《科学养鱼》2020年第8期。
② 丁永良：《隔膜真空式吸蚬机》，《渔业现代化》1978年第4期。
③ 张同启：《贝类采捕机械的初步研究》，《渔业机械仪器》1982年第2期。

备大致分为挖掘和吸取两大类。

（四）刺参采捕装备

刺参属于海珍品类海产品，是单品种养殖产值最高的海水品种，刺参产业是中国渔业经济的主导产业之一，在山东、辽宁、河北、福建等沿海地区广泛养殖，引领了国内"第五次"海水养殖产业浪潮，近年来创造了巨大产值，其主要产量来自人工增养殖产业。刺参增养殖生产目前采捕方式基本为人工潜水采捕方式，存在劳动强度大、人工成本高、对人员专业素质要求高、操作危险系数高，且海区人工采捕易受天气限制等瓶颈问题。近年来，国内外研究学者对刺参采捕装备进行了广泛研发，部分成果已尝试用于采捕作业中，但仍存在采捕效果不佳、效率低、操作复杂、局限性较大等问题。

目前的刺参采捕装备主要以采捕机器人等形式进行作业，其水下移动方式可分为履带式、自行式和推进式等方式。履带式移动方式较稳定，是目前水下作业机器人广泛采用的方式之一，但由于刺参采捕区多有参礁等大型附着基，给履带式作业带来诸多不便；自行式移动方式同样存在易受障碍物影响、设计复杂，对操控系统智能化自动化程度要求较高等问题；推进式采捕机器人依靠不同方向的多个推进器，可实现水下灵活移动，但部件较贵，设备制造成本较高。目前，刺参采捕机器人仍是通过上位机遥控作业，水下目标识别与智能采捕仍是瓶颈技术。

在采捕方式上，可分为吸取式和抓取式两大类。国际上最早的吸取式水下捕捞型机器人的研制可追溯至 20 世纪 70 年代，挪威研发了大型水下海胆捕捞机器人，用大功率吸泵实现对海胆的吸取。国内研发设计了吸入式刺参捕捞器、多工况可沉浮海参搜索捕捞器等，也可实现对刺参少量个体的吸取工作。同时，刺参抓取式设计也在不断研发中，目前相关单位研发了可应用于近浅海自然环境的水下软体机械臂，配备 4K 超高清摄像头，可实时清晰地呈现水下情况，并通过搭载全新升级的水下机械臂，实现全方位刺参水下捕捞作业，但水下目标自动识别、智能采捕、高效采捕仍是目前刺参采捕装备发展的瓶颈。未来发展的关键在于通过装备传感和信息处理系统，针对复杂水下环境精准识别礁石、沙地表面的刺参，提高提离距离、信号特性以及对干扰物体及地貌特征的识别效果，降低错捕率与漏捕率。

（五）头足类采捕装备

头足类动物是重要渔业对象，其中鱿钓渔业是远洋渔业的支柱产业之一。20世纪70年代中国研制出机械控制式自动鱿鱼钓机，1990年研制出直流电控鱿鱼钓机，2001年研制出基于参数辨识的直流电机调速系统，配合国产机械系统研制的鱿鱼钓机已在北太平洋成功批量应用。[①] 伴随新型鱿鱼钓机研制出现的还有钓捕鱿鱼的鱿钓机械手、白昼捕捞深海柔鱼装置、巨型鱿鱼钓捕设备等。目前，在实际捕捞作业中手钓作业仍占重要比例，机钓作业的低强度、高效率优势并不明显，究其原因是在某些特定渔场和特殊海况条件下，限于钓机技术水平，手钓产量要高于机钓产量。此外，还有研究人员发明了配备引诱筒的乌贼捕捉装置、筒状章鱼诱捕装置等，可对养殖环境中的乌贼、蛸类进行有效采捕，对于开展头足类规模化人工苗种繁育也具有重要意义。

（六）藻类采收装备

藻类的采收主要包括以海带、紫菜为主的大型可食用海藻的收获。中国是世界上最大的海带养殖国，主要采用筏式养殖模式，当前设计使用了多种海带采收设备与装置。大型装备包括通过传送带切割收获的海带收割船，带有单臂吊机械手的大型收获船，这些大型收获船适合较宽阔海域的野生海带收获。目前海带采收装置的样机和设计方案复杂多

---

① 刘健、黄洪亮、李灵智：《中国鱿鱼钓机装备研究现状及展望》，《渔业信息与战略》2012年第2期。

样、形态各异，主要包括动力、船体、行进、海带苗绳捕捞与传输等功能模块。近年来研发了适用于筏式养殖的中小型专用海带采收装置，包括绳钩组合式、半潜式、链驱动式等多种形态。

紫菜采收装置类型按照养殖模式分为两类：采用筏架式养殖模式的采收作业方式类似于海带的采收作业方式，采收时在船上配备采收泵或打采机，直接在筏架上进行收割；采用滩涂半浮式养殖模式栽培的，在退潮时采用车型收割装备进行采收。近年来，针对车型收割装备，研究了不同产地和采收时期紫菜的形态和力学特征，通过收割刀具的运动学和力学分析，突破了低损采收的关键技术，同时，应用自动化设施达到提高采收效率、降低人工劳动强度的效果。

二 水产养殖采捕装备存在的问题

（一）采捕装备发展水平远低于其他产业链环节

随着产业发展，国内水产养殖机械化率已在50%左右，但仍明显低于当今八大农作物耕种采收综合机械化率70%的水平，并且水产养殖机械化设备主要为增氧和投饲设施，采捕装备的发展水平远低于水产行业其他产业链环节中的机械化设施。[①] 据统计，目前增氧机、投饲机在水产业机械设备中的占比分别为74%和23%，用于采捕的机械设备不足3%，完全不匹配采收环节在产业链中的地位。[②]

（二）各类采捕装备发展存在显著不平衡

目前，国内水产业采捕装备研发创新特别是应用性研发创新不足，

[①] 周凤鸣：《水产养殖机械化现状、问题分析与发展对策》，《数字农业与智能农机》2021年第3期。

[②] 周小燕、倪琦、徐晧：《2021年中国水产养殖全程机械化发展报告》，《中国农机化学报》2022年第12期。

部分养殖品种"无机可用"矛盾突出。采捕装备研发较久的品种主要为贝类中的牡蛎、蛤、鱿鱼，藻类中的海带以及棘皮类刺参，但存在问题一是研发多、应用少，二是成本较高，核心装备严重依赖进口。其他如虾蟹类、环节类、腔肠类的水产动物采捕研究领域基本为空白。海带、刺参等品种虽然较早地开展了采捕机械研发，但海带起吊收割装运，刺参海区潜水捕捞，目前全部环节几乎仍然依靠人工，具有相当高的危险系数，且易受天气影响，导致海带、刺参采收雇工困难、成本越来越高。

（三）信息化、自动化、智能化水平较低

目前，水产从业者对现有的生产模式有较强的路径依赖。一方面，农户在传统生产模式上积累了较为丰富的经验；同时，受能力限制，对现代水产机械缺乏了解，对设施设备的作用认识不足，接受新技术的意愿较低。另一方面，由于在传统生产模式上投入了较多资金，新设备的投入对资金的需求偏高，投资压力也导致设施化生产技术普及程度较低，机械设施与设备投入少。大部分水产采捕装备小型化、简单化，仅仅适合于个体户的生产，不适用于大规模渔场的全程机械化生产。大功率、高性能、复式作业的采捕机械较少，致使收获效率低下，能耗居高不下，且难以保证增效和水产品质量。同时，目前大多数采捕机械缺乏实时准确的信息采集和智能管控系统，仍处于简单替代人力阶段。多数采捕装备仍是通过上位机人工遥控作业，水下目标的自动识别、自主智能采捕仍是瓶颈技术，亟待深入开展研究。

（四）高效适用装备保障能力不足

采捕装备存在水产机械方面的通病，高效广适的设施、装备保障能力不足。在已有的机械化采捕装备中，传感器可靠性、适用性差，使用寿命短等问题一直未得到突破。水下自动识别过程中信号处理技术及结

构控制技术发展不足，识别易受环境干扰，识别精度不高，不能满足高效采捕需求，结构控制运行速度、运动时间与信号处理滞后，无法在生产中即时响应。机械采捕装置在采收过程中，抓取力度难以控制，极易对水产动物造成过度刺激及物理损伤，进而降低水产品品质。

（五）社会化服务体系建设匮乏

由于长期以来信息不对称、组织培训少，渔民对渔业装备机械化的认识不足，对推广应用水产业采捕机械的重要性缺乏足够认知。社会化服务存在设施简陋、经营管理水平低、服务队伍不稳定等问题。操作复杂、使用率低、成本昂贵的采捕装备的社会化服务发展滞后，社会化服务体系建设匮乏。水产机械装备的社会化服务组织资金匮乏、融资难，管理人员也严重不足。纳入农机购置与应用补贴范围的采捕装备产品几乎为空白，相比其他农业生产环节的机械几乎断档，严重限制了水产采捕装备的推广应用和进一步发展。

三　水产业采捕装备发展建议与对策

随着科技与产业的发展，水产业面临各种新的挑战与机遇，生产成本也在不断提高，尤其是采捕环节劳动力成本的提高使今后必然降低对单纯人工采捕方式的依赖，转而逐步趋向采捕过程的标准化、装备化、智能化发展。经过多年的发展，当前水产业采捕装备已经在技术和设备品质等方面取得一定进展。水产业采捕装备的发展不仅要解决技术和设备方面的问题，也需要政府、企业、社会各方共同参与，形成合力，才能真正实现水产业的高质量发展。

（一）加强统筹规划，补齐短板差距

认真落实农业农村部关于加快水产养殖机械化的指示精神，调整农

业机械化的方向，加强发展不同种类水产采捕装备，统筹推进水产装备产业的发展，补齐水产业采捕装备发展的短板。建议财政、科技等部门立项支持，推进水产养殖机械装备创新，加快科技成果转化应用，示范推广一批新技术新装备。筛选推出具有真正实力，能够担当起研发、试生产、批量标准化生产、应用推广等工作的单位，组成创新联合体，加强采捕装备及其配套设备的研发，补足短板弱项，加快推广应用。

（二）坚持需求导向，解决产业痛点

基于水产业发展现实需求，按照品种、养殖生产方式、不同地域生产特征等环节逐步梳理，从需求侧提出合理建议，明确水产业主要生产模式和薄弱环节的采捕装备需求。进一步精确养殖生产环节、采捕季节、对象规格的参数，为水产业采捕装备技术研发和设备生产制造工艺提供依据。着力改变生产采捕环节无机可用的状况，加强对牡蛎、刺参、海带等大宗经济品种采捕装备的创新研发与效率提升。围绕水产业主推品种与主推技术，设计满足不同地区、不同海区特点和产品加工要求的重点采捕设施装备，制定与采捕装备配套的养殖生产和管理一体化标准，促进研发采捕装备的推广应用。

（三）强化实用研发，促进学科融合

重视生物学、生态学等其他学科在采捕装备研发过程中的作用，促进装备研发的多学科融合。针对以往水下采捕机械装备研究与实际生产脱节，设备研制开发与产业实用性"两张皮"等问题，开展养殖生物行为学、生理生态学等系列研究，紧贴产业实用需求开发工程化养殖与采捕装备的精准技术参数。根据生产需求对不同体重规格的生物进行分级采捕，实现捕大留小、可持续发展之目的。在采捕装备示范应用过程中发现新需求与新问题，接续研发实现装备的更新迭代，不断增强装备实用性。对产业化应用较为普遍的通用采捕装备技术，需针对性开展场

景适应性研究，解决装备防水、防腐和防雾等问题，最终以"机器代人"方式实现智能化、自动化无人作业。

（四）鼓励企业研发，加强国际合作

加强对企业设施装备研发的政策支持，增强水产企业装备自研能力。鼓励渔业专业合作社、家庭水产养殖场、养殖大户购置专业机械装备，由农机和水产部门在开展农机化服务时进行优先安排、重点服务，帮助他们推进全程机械化建设，从而培养一批示范户，以点带面推广采捕装备应用。指导水产采捕设施装备工程安装和操作使用、维修维护等技能人才培训教材和培养基地建设，推动水产采捕装备生产企业、水产养殖企业、渔业生产单位与科研院校共建共享工程创新基地、实践基地、实训基地，不断壮大水产采捕装备研究人才队伍。最后，还应加强国际合作，借鉴国外先进经验和技术，促进采捕装备研发技术创新和产业转型升级，推动水产业可持续发展。

（责任编辑：王圣）

山东省大宗海洋生物资源的变化与开发利用[*]

李宝山　王际英　王　斌　曹体宏　孙春晓　黄炳山　王忠全^{**}

摘　要　山东是海洋大省，海洋生物资源的开发与利用对山东海洋经济的可持续发展意义重大。 2013～2022 年，山东海洋生物结构发生较大的变化，新技术、新工艺也促进了海洋生物资源的开发与利用。本文综合分析了2013～2022 年山东省海洋植物资源、海洋鱼类资源、海洋甲壳动物资源、海洋贝类生物资源、海洋头足类生物资源等大宗海洋生物资源的变化及其原因，并介绍了这些资源的开发利用情况。研究结果表明山东大宗海洋生物的捕捞产量总体呈下降趋势，多数品种的养殖产量呈上升趋势，海洋生物资源的总量在上升。

关键词　海洋生物资源　水产资源开发　海洋经济　海洋生态环境

引　言

海洋生物资源又称海洋水产资源，是海洋中蕴藏的可被人类利用的

* 本文为山东省特定目标类项目"海洋资源预警监测能力建设及开发利用"（4140402200045M），山东省重点研发计划"深远海设施渔业科技示范工程"（2021SFGC0701），烟台市科技创新发展计划"刺参岩藻糖基化及糖代谢调控的研究"（2023JCYJ090）的阶段性研究成果。
** 李宝山，山东省海洋资源与环境研究院副研究员，主要研究领域为水产健康养殖。王际英，山东省海洋资源与环境研究院研究员，主要研究领域为水产健康养殖、水产动物营养与饲料。王斌，山东省海洋资源与环境研究院高级经济师，主要研究领域为海洋经济。曹体宏，山东省海洋资源与环境研究院工程师，主要研究领域为水产健康养殖。孙春晓，山东省海洋资源与环境研究院副研究员，主要研究领域为水产健康养殖。黄炳山，山东省海洋资源与环境研究院研究员，主要研究领域为水产健康养殖。王忠全，山东省海洋资源与环境研究院研究员，主要研究领域为水产健康养殖。

动植物及微生物的总称。海洋生物资源可通过生物个体和种群的繁殖、发育、生长和新老替代，使资源不断更新、种群不断补充，并通过一定的自我调节能力达到数量相对稳定。[①] 海洋生物资源对人类的作用十分广泛，既是重要的食物来源，又是医药、化工、肥料、饲料等的重要原料。

山东是海洋大省，大陆海岸线长 3345 千米，海洋生物资源物种丰富、种类繁多。山东省对海洋生物资源开发利用的时间较长，但从 20 世纪 70 年代以来，由于过度开发，山东海洋生物资源结构发生重大变化，低营养层级的小型中上层鱼类、头足类和小型虾、蟹取代了原有的大型优质经济种类。近年来，随着国家禁渔、海洋牧场等一系列政策的实施，海洋生物资源结构发生了一定的变化。文章依据《中国渔业统计年鉴》（2014~2023 年）、《山东渔业统计年鉴》（2017~2022 年）及其他相关文献，对 2013~2022 年山东省海洋生物资源的变化进行分析，并对资源的可持续开发和综合利用进行阐述，以期为山东省海洋生物资源的综合开发与利用提供参考。

一　海洋植物资源

（一）海洋大宗植物资源变化

海洋藻类及海草是构成海洋大宗植物资源的主体。海带、江蓠、裙带菜、紫菜、浒苔是目前资源量较大、开发利用程度较高的海洋植物资源。

2013~2022 年，山东省海洋藻类的捕捞产量远远小于养殖产量，捕捞产量一直维持在 1000 吨以上，并呈波动下降的趋势，养殖产量从

---

① 傅秀梅、王长云等：《海洋生物资源与可持续利用对策研究》，《中国生物工程杂志》2006 年第 7 期。

2013 年的 58.89 万吨增加至 2022 年的 69.20 万吨，整体呈产量大幅增加后渐趋平稳的状态（见图 1）。烟台长岛海洋生态文明综合试验区是山东省海洋捕捞藻类的主产区，产量长年占全省产量的 90% 以上。威海是山东省养殖藻类的主产区，产量约占全省产量的 90%。

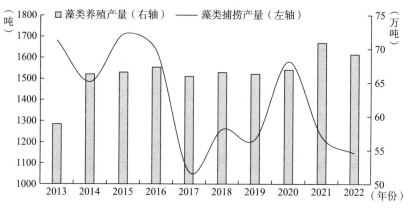

图 1 2013～2022 年山东省海洋藻类捕捞及养殖产量

资料来源：根据 2014 年、2015 年、2022 年、2023 年《中国渔业统计年鉴》，《山东渔业统计年鉴 2022》统计分析。

1. 海带

海带是一种多年生大型可食用褐藻，是山东省最重要的海洋藻类资源。如图 2 所示，2013 年山东省海带养殖产量为 24.6 万吨，2014 年及 2015 年迅速增加到 55 万吨以上，且在 2014 年之后，海带养殖产量常年维持在 50 万吨左右，海带养殖产量和养殖面积分别占全省藻类养殖产量与养殖面积的 70% 以上，占全国养殖产量与养殖面积的 30% 以上，位居全国第二。2022 年，山东省海带遭遇大规模养殖病害，产量仅为 23.05 万吨，比 2021 年下降 57.49%。从养殖面积来看，2017 年养殖面积达到最高点，之后养殖面积略有下降。从地区分布来看，全省海带养殖主要分布在荣成市，2021 年荣成市海带养殖产量占全省的 87.6%，长岛海洋生态文明综合试验区海带养殖产量占全省的 7.8%。[①] 此外，烟台

---

① 数据来自《山东渔业统计年鉴 2021》。

经济技术开发区、蓬莱区以及青岛黄岛区也存在一定量的养殖海带。

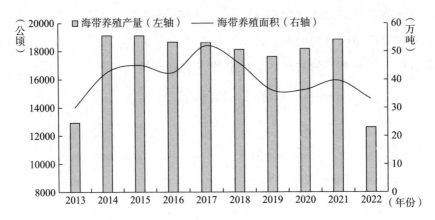

图2 2013～2022年山东省海带养殖产量与面积

资料来源：根据2018年、2022年、2023年《中国渔业统计年鉴》，《山东渔业统计年鉴2021》统计分析。

2. 江蓠

江蓠属于大型红藻，是琼脂生产的重要原料，也是鲍鱼养殖的优质饲料。2013～2021年，山东省江蓠养殖产量基本稳定在5万吨左右，但养殖面积有所减少（见图3）。2022年，山东省江蓠养殖产量有了极大

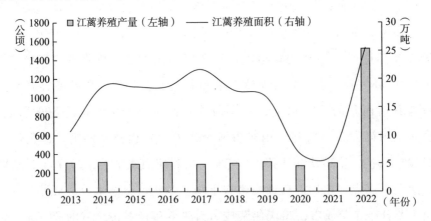

图3 2013～2022年山东省江蓠养殖产量与面积

资料来源：根据2019年、2023年《中国渔业统计年鉴》，2017年、2022年《山东渔业统计年鉴》统计分析。

地提升，达到 25.33 万吨。山东省江蓠养殖集中在威海荣成市，其他地区没有相关统计数据。山东省江蓠养殖面积波动较大，因为江蓠的养殖是利用海带养殖空窗期的筏架进行的。2022 年，荣成市海带大面积遭受自然灾害，海带养殖业主更多转产江蓠养殖。

3. 裙带菜

裙带菜是一种多年生大型褐藻，具有抗凝血、降血脂、抗衰老的作用。如图 4 所示，2013~2022 年，山东省裙带菜养殖产量由不足 4 万吨增加到 5 万多吨，并保持较为稳定的产量；大多数年份的养殖面积在1300 公顷左右，2018 年、2022 年养殖面积接近 2000 公顷。威海荣成市是山东省养殖类裙带菜的绝对产区，养殖产量及面积均超过全省的 95%。①

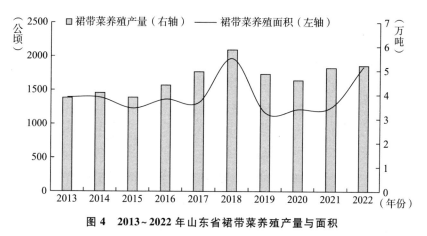

图 4 2013~2022 年山东省裙带菜养殖产量与面积

资料来源：根据 2019 年、2023 年《中国渔业统计年鉴》，《山东渔业统计年鉴 2017》统计分析。

4. 紫菜

紫菜是一种富含膳食纤维、维生素及矿物质的经济红藻。如图 5 所示，2013 年，山东省紫菜养殖产量为 0，2014~2016 年产量仅为几百吨，2017 年增至 1.49 万吨，2019 年增加至 1.78 万吨，达到最高值，

———————————

① 数据来自《山东渔业统计年鉴 2017》。

2022 年产量为 1.30 万吨。山东省的紫菜养殖主要集中在威海文登区，养殖产量和面积均接近全省的 90%，青岛即墨区和日照东港区、岚山区也存在紫菜养殖活动。①

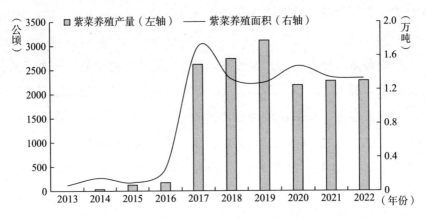

图 5 2013~2022 年山东省紫菜养殖产量与面积

资料来源：根据 2015~2020 年《中国渔业统计年鉴》、2018~2020 年《山东渔业统计年鉴》统计分析。

5. 浒苔

浒苔是一种广温、广盐性大型绿藻，分布在世界诸多沿海国家的近海。浒苔的环境适应与繁殖能力很强，自 2007 年开始，由浒苔形成的绿潮已连续 14 年困扰山东沿岸。2023 年，黄海浒苔绿潮规模最大分布面积约 61159 平方千米，最大覆盖面积 998 平方千米，呈现"南北跨度大、东西分布广""发生时间早、持续时间长""整体生物量大"等特点，山东省共计打捞浒苔 34 万吨，运输上岸 1 万多吨。②

（二）海洋大宗植物资源变化原因及未来发展趋势分析

2013~2022 年，山东省海洋大宗植物资源产量较为稳定，其主要原因是养殖产量远远大于捕捞产量。养殖品种多样化是保持产量较为稳定

---

① 数据来自 2018~2020 年《山东渔业统计年鉴》。
② 《今年青岛浒苔处置工作正式结束》，《青岛日报》2023 年 8 月 7 日。

的一个因素。2022年，山东省海带养殖遭遇大范围疾病，造成大面积减产，但是由于养殖从业者及时转养江蓠，藻类养殖总产量几乎没受到影响。此外，藻类新品种的快速投产也是海藻养殖产量保持稳定的重要因素。

随着山东省沿海各地市海域滩涂规划的实施，海水养殖面积已基本固定，并呈减少的趋势。近年来藻类养殖面积的波动，也反映出这一变化。藻类的生长受水体中营养盐含量及比例的影响，在没有新品种及新模式出现的前提下，养殖产量不会出现大幅增加的情况，且由于养殖的无序发展，产量甚至可能降低。以山东省主养藻类——海带为例，2014～2021年，养殖面积在1.5万公顷到1.9万公顷之间波动，而产量却始终维持在50万吨左右。这种现象表明，如果没有大量外源性营养盐输入，山东海域藻类养殖产量已接近其生态容量，继续扩大养殖规模只能增加养殖成本和风险。由2013～2022年山东省藻类养殖面积与产量关系也可以看出（见图6），持续扩大养殖面积，产量不仅不会增加，反而呈下降的趋势。

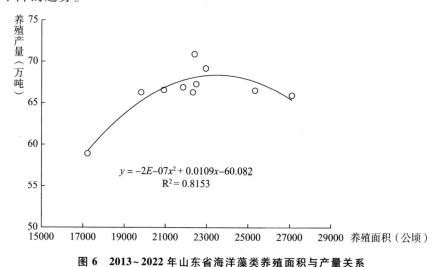

图6　2013～2022年山东省海洋藻类养殖面积与产量关系

说明：图中 y 为藻类养殖产量，x 为藻类养殖面积，R 为决定系数，E 为自然常数。

1. 海洋大宗植物资源的开发利用

作为海洋生态系统中不可或缺的组成部分，海洋植物不仅为海洋动物提供饲料和生存场所，还能维持海洋生态系统的平衡，在人类饮食、生态修复、化学工业、农业生产等领域发挥了重要的作用。

（1）食品加工业

海藻含有丰富的生物活性物质，如天然色素、多糖、膳食纤维、多不饱和脂肪酸、维生素、碘、铁等多种矿物元素。[①] 鉴于海藻诸多营养优势，近年来海藻食品加工产业发展迅速。目前海藻食品加工产业主要有两大类，一类是直接加工，原料经过清洗、蒸煮、杀菌等一系列工艺制成产品，这类产品主要为保健类食品，如绿色牛排、波力海苔等。这类产品的原料局限于紫菜、海带、裙带菜等品种。另一类是以海藻为原料，提取其中的生物活性成分，或以海藻为添加剂生产食品。[②]

（2）海藻化工业

海藻养殖业的发展促进了相关化工产业的发展，中国海藻化工产业规模已居世界首位。[③] 海藻化工产品丰富多样，在各个领域发挥了重要作用。江蓠琼胶已被广泛用于凝胶形成剂、食品稳定剂、乳化剂、培养基、轻泻药等的生产。[④] 海带褐藻胶在食品工业、医药卫生行业中用于制作稳定剂、增稠剂、乳化剂、药片崩解剂、止血纱布等。碘广泛用于民生、医药卫生、国防工业和农业等方面。甘露醇可用于治疗眼、脑、糖尿病、高血压等疾病，其衍生物可用于制造泡沫塑料、炸药等。[①]

近年来，海藻化学向天然产物与生物活性领域发展，衍生出一些新的用途。微藻利用阳光、二氧化碳合成自身的生物质，再诱导其转化为

① 刘莉莉、问莉莉、李思东：《海藻营养成分及高值化利用的研究进展》，《轻工科技》2012年第3期。
② 王红育、李颖：《海藻产品开发现状及应用》，《食品研究与开发》2008年第8期。
③ 国家藻类产业技术体系：《海带产业发展报告》，《中国水产》2021年第8期。
④ 秦祁、栾立宁等：《石花菜应用和加工研究进展》，《食品安全导刊》2022年第30期；李飞飞、刘克海：《脆江蓠多糖的理化分析及其抗氧化活性评价》，《山东农业大学学报》（自然科学版）2021年第5期。

油脂，藻油含量最高能达到 60%，再利用理化方法把藻油转化到胞外，生产生物柴油或航空燃油。[①] 从褐藻、琼胶原藻、卡拉胶原藻等藻类中提取的多离子海藻纤维可用于生产防护服、儿童玩具以及医疗用品。[②] 海藻中特有的海藻多糖、藻朊酸、HUFA、矿物元素及维生素，极易被植物吸收，能够调节植物营养和生殖的平衡，因此利用海藻制造植物肥料成为一种发展趋势。[③]

（3）藻类与环境治理

近年来，海藻被赋予新的生态使命，随着海洋污染问题的日益突出以及近岸海洋牧场海底"荒漠化"现象的严重，利用海带的水质调控功能根治海洋生态污染成为可能。大型海藻通过光合作用，吸收碳（C）、氮（N）、磷（P）等元素，释放氧气（O_2），维持海洋生态系统平衡。此外，大型海藻可间接移出海水中的富营养盐。研究表明，在养殖海区或富营养化海区种植大型海藻能有效降低水体的富营养化程度。[④]

大型海藻既可净化水体，又可与同海区同生态位的初级生产者竞争，通过遮光、化感与营养竞争三个方面来抑制赤潮藻的生长，如孔石莼可通过分泌克生物质抑制青岛大扁藻的生长[⑤]；龙须菜及其水溶性抽提液可抑制旋链角毛藻和锥状斯氏藻的生长[⑥]；裂片石莼对锥状斯氏藻、中肋骨条藻、海洋原甲藻的生长有抑制作用[⑦]。

---

① 聂煜东、耿媛媛、张贤明等：《产油微藻胁迫培养策略研究综述》，《中国环境科学》2021 年第 8 期。
② 王倩茹、张定眺、李凤艳：《海藻纤维应用现状及发展》，《棉纺织技术》2023 年第 7 期。
③ 工玥琛、孔瞀敏：《大型海藻肥料化应用》，《热带农业工程》2019 年第 4 期。
④ 胡闪闪：《广东省海域大型海藻对海洋化学环境变化的响应及其生态服务价值评估》，硕士学位论文，华南理工大学，2022。
⑤ 张培玉、蔡恒江等：《孔石莼与 2 种海洋微藻的胞外滤液交叉培养研究》，《海洋科学》2006 年第 5 期。
⑥ 刘婷婷、杨宇峰等：《大型海藻龙须菜对两种海洋赤潮藻的生长抑制效应》，《暨南大学学报》（自然科学与医学版）2006 年第 5 期。
⑦ 章守宇、刘书荣：《大型海藻生境的生态功能及其在海洋牧场应用中的探讨》，《水产学报》2019 年第 9 期。

水体重金属污染一直是国内外学者的研究重点。研究表明，许多大型海藻，如孔石莼、浒苔、马尾藻等[①]干粉可有效吸附水体中的重金属。

近年来，大型海藻体内的生物活性物质，如脂、酚、萜、多糖等被逐步应用于抗菌领域。江蓠和马尾藻提取物可显著抑制金黄色葡萄球菌、枯草芽孢杆菌、大肠埃希菌、藤黄微球菌、短小芽孢杆菌的生长。[②] 角叉菜、海蒿子及鼠尾藻等藻体中的多酚化合物可抑制多种海洋细菌的活性。[③] 浒苔对鳗弧菌有显著抑制作用，鸭毛藻、松节藻、海黍子、酸藻、小黏膜藻可较好抑制大肠杆菌和金黄色葡萄球菌的活性。[④]

二 海洋鱼类资源

鱼类是海洋中最宝贵的生物资源，目前全世界已知的海洋鱼类约1.9万种，重要的捕捞对象800多种，年捕捞量约为3亿吨。

（一）海洋大宗鱼类资源变化

2013~2022年，中国及山东省海洋鱼类捕捞产量总体呈下降趋势。2022年，中国海洋鱼类捕捞产量641.87万吨，比产量最高的2016年减少30.12%（见图7）。产量较大的有带鱼（90.35万吨）、鳀鱼（60.15万吨）、蓝圆鲹（39.59万吨）、鲐鱼（37.18万吨）、鲅鱼（35.92万吨）、鲳鱼（34.16万吨）、海鳗（32.67万吨）、金线鱼（31.39万吨）。[⑤]

2013~2022年，山东省海洋鱼类捕捞产量由159.77万吨下降至

① 韩瑞芳：《海藻生物炭对污染地块土壤重金属的形态调控及健康效应》，硕士学位论文，浙江工商大学，2023。

② 罗先群、王新广等：《海南沿海二种海藻抗细菌生物活性物质的提取及抑菌活性的研究》，《中国食品添加剂》2008年第5期。

③ 陈雨晴、吕峰：《海藻多酚生物活性、改性及应用研究进展》，《渔业研究》2018年第3期。

④ 赵奇：《基于壳聚糖/海藻酸钠－聚乙烯醇的复合凝胶膜制备及性能评价》，硕士学位论文，江西中医药大学，2023。

⑤ 数据来自《2023中国渔业统计年鉴》。

118.58 万吨（见图 7），产量仅次于浙江，居全国第二位。鳀鱼（39.12 万吨）是山东省海洋鱼类捕捞产量最高的鱼类，但产量也由高峰期的近 60 万吨降至不足 40 万吨；鲅鱼（17.53 万吨）和带鱼（9.12 万吨）产量分别居于第二、第三位，且 2013～2022 年产量较为稳定；除鲳鱼（3.11 万吨）外，其余有统计产量的鲐鱼（3.05 万吨）、小黄鱼（4.43 万吨）、玉筋鱼（3.57 万吨）、梭鱼（2.79 万吨）、海鳗（1.92 万吨）、白姑鱼（1.03 万吨）等的产量也呈下降的趋势（见图 8、图 9）。①

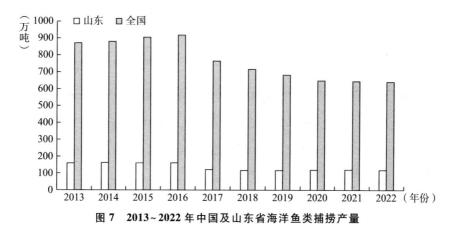

图 7　2013～2022 年中国及山东省海洋鱼类捕捞产量

资料来源：根据 2014～2023 年《中国渔业统计年鉴》统计分析。

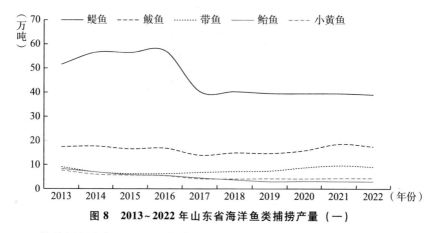

图 8　2013～2022 年山东省海洋鱼类捕捞产量（一）

资料来源：根据 2014～2023 年《中国渔业统计年鉴》统计分析。

---

①　括号内数据均为 2022 年产量。

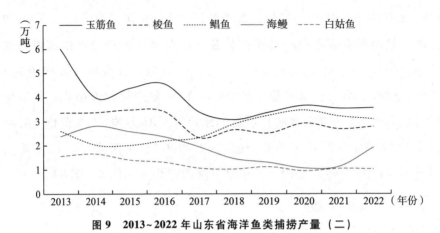

图9　2013~2022年山东省海洋鱼类捕捞产量（二）

资料来源：根据2014~2023年《中国渔业统计年鉴》统计分析。

2021年，山东省海洋鱼类捕捞产量119.49万吨，其中威海捕捞产量53.66万吨，烟台捕捞产量29.97万吨，日照捕捞产量为11.20万吨，位居前三（见图10）。威海荣成市2021年海洋捕捞鱼类产量40.34万吨，占全省当年产量的33.77%。

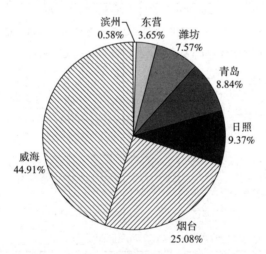

图10　2021年山东省各地市海洋鱼类捕捞产量占比

资料来源：根据《2022中国渔业统计年鉴》统计分析。

2013~2022年，中国海水鱼类养殖产量呈逐年递增的趋势，2022

年产量（192.56 万吨）比 2013 年产量（112.36 万吨）提高 71.38%。与此同时，山东省海水鱼类养殖产量却总体呈波动下降的趋势。2022年，山东省海水鱼类养殖产量 8.38 万吨，比 2013 年产量（16.00 万吨）下降 47.63%（见图 11）。

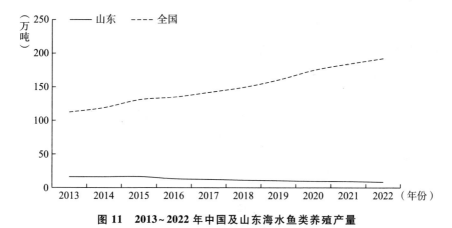

图 11　2013～2022 年中国及山东海水鱼类养殖产量

资料来源：根据 2014～2023 年《中国渔业统计年鉴》统计分析。

鲆鱼是山东省养殖产量最高的海水鱼类，2013～2022 年，山东省养殖产量由 2013 年的 7.22 万吨降至 2022 年的 2.86 万吨。鲈鱼产量次之。2013～2022 年，鲈鱼、美国红鱼、河鲀产量均呈波动下降的趋势，但鲽鱼产量总体呈上升的趋势（见图 12）。值得一提的是，许氏平鲉是山东省特有的海水养殖鱼类，2017～2022 年产量均在 1 万吨以上，但没有列入《中国渔业统计年鉴》。

2021 年，烟台、青岛、威海三地市海水鱼类养殖产量分别为 3.37万吨、2.88 万吨、1.27 万吨，居全省前三位（见图 13）。青岛黄岛区、烟台经济技术开发区和潍坊昌邑市三地海水鱼类养殖产量均超过 1万吨。

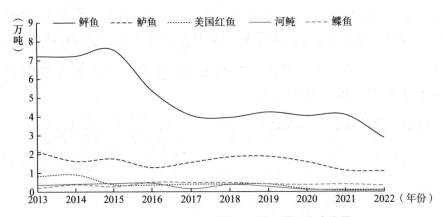

图 12　2013~2022 年山东省主要海水养殖鱼类产量

资料来源：根据 2014~2023 年《山东渔业统计年鉴》统计分析。

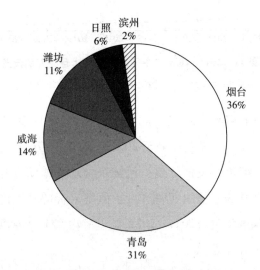

图 13　2021 年山东省各地市海水鱼类养殖产量占比

资料来源：根据《山东渔业统计年鉴 2022》统计分析。

（二）海洋鱼类资源变化原因及未来发展趋势分析

2013~2022 年，山东省海洋鱼类捕捞产量虽整体呈下降的趋势，但下降趋势已明显趋于平稳，尤其是 2017~2022 年，捕捞产量在 120 万吨左右。这主要得益于中国实行的"伏季休渔"等相关政策，为海洋鱼类提供了休养生息的时间。

2013~2022 年，山东省海水鱼类养殖产量整体呈下降趋势，主要是受自然条件、养殖方式和市场行情的影响。首先，山东省四季分明，年温差较大，适宜于大规模养殖的鱼类品种相对较少；其次，目前工厂化养殖仍是山东省海水鱼类养殖的主要方式，受环保政策的影响，最近几年正处于产业升级阶段；最后，最近几年海水养殖鱼类价格低迷与疾病问题，也是影响鱼类养殖产量的因素。以山东省主养鱼类大菱鲆和许氏平鲉为例，近几年大菱鲆的市场价格基本维持在成本线上下，而许氏平鲉养殖深受疾病的困扰，养殖成功率不足50%，极大地影响了养殖从业人员的热情。

目前，山东省海洋鱼类捕捞产量仍远远大于海水养殖产量。一方面，在海洋鱼类资源达到产捕平衡之前，捕捞产量的变化不会太大；另一方面，随着山东省深远海养殖技术及装备的发展，鱼类养殖产量在未来几年可能会有较大发展。因此，山东省海洋鱼类资源在未来几年的产量波动不会很大，整体会呈现稳中向升的趋势。

（三）海洋鱼类资源的开发与利用

海洋鱼类资源的利用方式主要有直接食用、水产品加工、副产物深加工、鲜杂鱼加工等。带鱼、蓝圆鲹、鲐鱼、鲅鱼等主要被直接食用，金枪鱼、鱿鱼等被用来深加工，而鳀鱼、沙丁鱼、玉筋鱼多被用来加工成鱼粉鱼油。此外，水产品加工过程中产生的副产品也多被用来加工成鱼粉或鱼排粉。

1. 鱼粉鱼油

海洋捕捞的鳀鱼、鲐鱼、玉筋鱼、沙丁鱼以及鱼类加工过程中产生的皮、骨及内脏等副产物是制作鱼粉鱼油的主要原料。2022 年，山东省鱼粉鱼油产量分别占全国产量的 30% 以上及 50% 以上，均居全国第一（见表 1）。2013~2022 年，中国鱼粉鱼油产量总体呈先降低后渐趋平稳的状态，山东鱼油产量一度占据全国产量的 80% 以上。此外，由于山东省生产鱼粉鱼油的主要原料为鳀鱼和玉筋鱼，鱼粉鱼油的质量也相对较高。

表1　2013~2022年中国及山东鱼粉鱼油产量

单位：万吨，%

年份	鱼粉			鱼油		
	山东	全国	占比	山东	全国	占比
2013	39.76	99.55	39.94	2.41	7.70	31.30
2014	27.30	75.99	35.93	5.63	10.13	55.58
2015	29.78	71.12	41.87	6.76	7.31	92.48
2016	27.18	70.55	38.53	5.75	6.93	82.97
2017	20.62	63.92	32.26	5.45	6.76	80.62
2018	26.50	64.99	40.78	6.35	7.26	87.47
2019	27.09	69.90	38.76	4.03	4.90	82.24
2020	26.57	70.76	37.55	3.52	5.32	66.17
2021	25.30	65.90	38.39	3.58	6.78	52.80
2022	24.77	72.35	34.24	3.60	6.16	58.44

资料来源：根据 2014~2023 年《中国渔业统计年鉴》统计分析。

2. 鱼糜及干腌制品

鱼糜既可用作食品制造的原料辅料，又可用作餐饮直接加工的原料。近年来，随着中国食品加工技术的发展，鱼糜加工业实现了长足进步，从生产鱿鱼丸、虾丸等单品发展到生产鱼香肠、模拟虾蟹肉、鱼糕等高档鱼糜制品。

2013~2022 年，中国鱼糜制品产量长期维持在 140 万吨左右（海水+淡水），山东省的产量约占全国的 1/4，位居全国前列（福建产量与山东产量相当，两省均以海洋鱼类为主要原料，产量之和占全国海水鱼糜制品的 90% 以上）。干腌制品也是中国海洋鱼类重要的利用方式之一。2013~2022 年，中国及山东省干腌制品产量呈下降的趋势，与海洋鱼类捕捞产量变动趋势相一致（见表2）。

表 2　2013~2022 年中国及山东鱼糜及干腌制品产量

单位：万吨，%

年份	鱼糜制品			干腌制品		
	山东	全国	占比	山东	全国	占比
2013	31.93	132.68	24.07	37.94	157.95	24.02
2014	40.27	151.79	26.53	33.95	155.09	21.89
2015	36.40	145.42	25.03	37.44	163.82	22.85
2016	36.51	155.36	23.50	38.87	168.15	23.12
2017	34.76	154.19	22.54	39.19	171.06	22.91
2018	35.72	145.55	24.54	37.94	162.41	23.36
2019	34.95	139.40	25.07	35.00	152.13	23.01
2020	32.75	126.77	25.83	27.34	138.32	19.77
2021	33.51	134.98	24.83	26.67	141.53	18.84
2022	32.77	135.48	24.19	27.34	146.43	18.67

资料来源：根据 2014~2023 年《中国渔业统计年鉴》统计分析。

2013~2022 年，山东省海洋鱼类资源的总获得量呈下降趋势，鱼糜制品产量较为稳定，鱼粉、鱼糜、干腌制品总产量略有下降，这种现象表明可被用来直接食用或制作冰鲜产品的鱼类数量减少，也间接反映出山东省海洋鱼类捕捞（捕捞产量远超养殖产量）渔获结构的变化（见图 14）。

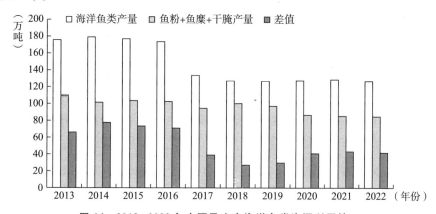

图 14　2013~2022 年中国及山东海洋鱼类资源利用情况

资料来源：根据 2014~2023 年《中国渔业统计年鉴》统计分析。

三 海洋甲壳动物资源

甲壳动物指体躯分节、具几丁质外壳、头部有 5 对附肢、以鳃或皮肤呼吸的动物。全世界有 3 万多种，绝大多数是海生物种。甲壳动物中最具有经济价值的是虾类和螃蟹。据《中国渔业年鉴》统计，2013～2022 年，中国海洋甲壳动物捕捞产量呈逐年递减的趋势，养殖产量呈逐年递增的趋势。2022 年，中国甲壳动物捕捞产量为 188.5 万吨，养殖产量为 195.2 万吨，养殖产量首次超过捕捞产量。虾的养殖和捕捞产量分别占甲壳动物养殖和捕捞产量的 85% 和 65%。

（一）海洋大宗甲壳动物资源的变化

1. 虾类

虾类是海洋甲壳动物资源中产量最大的品种，海洋捕捞虾类的主要品种有毛虾、对虾、鹰爪虾和虾蛄，海水养殖虾类的主要品种有南美白对虾、斑节对虾、中国对虾和日本对虾。2022 年，中国海洋虾类捕捞产量为 124 万吨，养殖产量为 166 万吨。中国海水虾类养殖主要集中在广东、广西、山东、福建、海南、浙江等省份，特别是广东、广西、山东、福建产量最高，共占中国海水虾类总产量的 2/3 以上。

2013～2022 年，中国及山东海洋虾类捕捞产量总体呈下降趋势。2018～2022 年，山东海洋虾类捕捞产量保持在 17 万吨左右，与十年内产量最高的年份（2013 年）相比，2022 年产量下降 26%（见图 15）。山东省海洋虾类捕捞产量常年居于全国第二，仅次于浙江。海洋捕捞虾类中最主要的是毛虾和虾蛄，2022 年二者总产量占山东省海洋虾类捕捞产量的 50% 以上。2013～2022 年，毛虾产量由 9.27 万吨降至 5 万吨左右，虾蛄产量变化不大，且一直维持在 4 万吨以上（见图 16）。

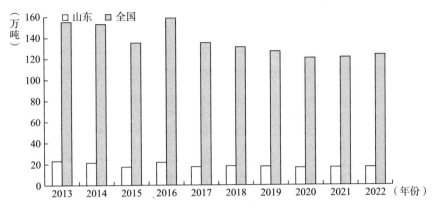

图 15 2013～2022 年中国及山东海洋虾类捕捞产量

资料来源：根据 2014～2023 年《中国渔业统计年鉴》统计分析。

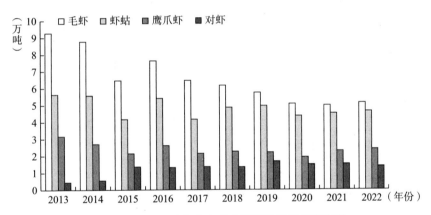

图 16 2013～2022 年山东省主要海洋捕捞虾类产量

资料来源：根据 2014～2023 年《山东渔业统计年鉴》统计分析。

2013～2022 年，中国及山东海水养殖虾类产量均呈增长趋势（见图17）。受制于自然条件，山东省对虾养殖产量增长速度低于全国。2022年，中国及山东省虾类产量分别达到 166.18 万吨、20.88 万吨。南美白对虾是山东省养殖产量最大的虾类。2013～2022 年，山东省南美白对虾养殖产量呈逐年递增的趋势，2022 年产量达到 17.34 万吨，占全省虾类养殖产量的 80%以上；日本对虾养殖产量在 2 万吨左右；中国对虾产量基本维持在 7000 吨；斑节对虾产量基本为 1000 吨（见图18）。

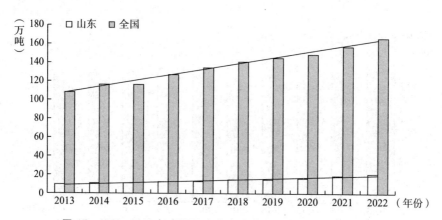

图 17　2013～2022 年中国及山东海水养殖虾类产量及增长趋势

资料来源：根据 2014～2023 年《中国渔业统计年鉴》统计分析。

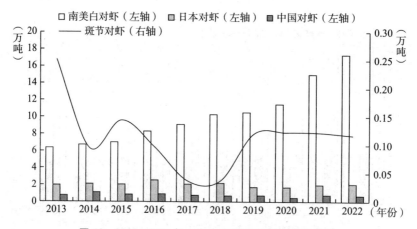

图 18　2013～2022 年山东省主要海水养殖虾类产量

资料来源：根据 2014～2023 年《山东渔业统计年鉴》统计分析。

2. 蟹类

蟹类是海洋甲壳动物资源中另一具有较高经济价值的品种。2013～2022 年，中国蟹类捕捞产量也呈下降趋势，近五年来产量维持在 60 多万吨；养殖产量较为稳定，长年维持在 27 万吨以上，蟹类的养殖产量远远落后于捕捞产量。山东海洋蟹类的捕捞产量和养殖产量分别基本维持在 4 万吨和 2 万吨左右，占全国总产量的比重较低。梭子蟹是山东省海洋捕捞和养殖的主要品种，2022 年其捕捞产量和养殖产量分别占山东省蟹类捕捞产量和养殖产量的 70% 和 90% 以上（见表 3）。

表 3　2013~2022 年中国及山东海洋蟹类产量

单位：万吨

年份	蟹类捕捞产量		蟹类养殖产量		山东梭子蟹产量	
	山东	全国	山东	全国	捕捞	养殖
2013	3.61	73.42	2.61	25.90	2.45	2.43
2014	4.93	86.47	2.81	27.16	3.33	2.75
2015	3.32	72.37	2.57	27.36	2.38	2.43
2016	3.78	80.88	2.52	29.29	2.70	2.38
2017	3.32	72.37	1.68	28.60	2.38	1.47
2018	4.09	66.95	1.97	29.38	3.04	1.40
2019	4.19	64.75	1.67	29.36	2.75	1.41
2020	3.73	60.45	1.65	28.75	2.46	1.33
2021	4.24	64.71	2.10	28.27	2.68	1.39
2022	4.72	64.77	2.03	29.07	3.29	1.91

资料来源：根据 2014~2023 年《中国渔业统计年鉴》统计分析。

（二）海洋甲壳动物资源变化原因及未来发展趋势分析

海洋虾蟹是优质食材，深受中国人民的欢迎。2017~2022 年，山东省虾蟹的捕捞产量基本维持在 20 万吨左右，其中虾类捕捞产量约为 17 万~18 万吨，蟹类捕捞产量约为 3.3 万~4.7 万吨，变化不大，表明虾蟹的自然资源数量与捕捞产量基本达到平衡，如无重大环境变化，后期产量应基本维持稳定。

2022 年，山东省虾类养殖产量超过虾蟹类养殖产量的 90%，而南美白对虾养殖产量占虾类养殖产量的 83% 左右。这些数据表明，2013~2022 年，山东省对虾，尤其是南美白对虾养殖产业得到快速发展。目前，山东省南美白对虾养殖模式（海淡水池塘养殖、围堰养殖、工厂化车间养殖、盐田滩涂养殖）、新品种、配合饲料、动保产品等相关产业链也在快速发展并趋于完善，这些均为产业的快速发展提供了保障。

目前，山东省海洋虾蟹的捕捞产量已基本趋于稳定，而对虾养殖产业还处于快速发展阶段，对虾新品种不断出现，养殖技术不断提高，养殖模式也在不断完善，养殖产量可能会有较大的提高。然而，2023年，南美白对虾价格长期低迷可能会影响养殖从业者的生产热情，从而影响未来几年的产量。

（三）海洋甲壳动物资源的开发与利用

虽然甲壳动物产量占海洋经济物种产量的比例不大，但其肉质鲜美、营养丰富，经济价值很高，对虾、蟹类已成为最受欢迎的海产食品，基本被直接食用，部分用以加工虾仁、蟹柳等产品。

毛虾是制作虾皮、虾酱的优质原材料，山东省毛虾产量虽高，但虾皮、虾酱的产量不及辽宁、福建。

海洋甲壳动物的外壳中含有丰富的甲壳素。甲壳素在工业、农业、渔业、医美等行业中应用范围很广，可用于生产布料、染料、纸张、杀虫剂、植物抗病毒剂、水溶肥、饲料添加剂、保湿剂、隐形眼镜、缝合线、人工血管等。[①]

甲壳素脱去55%以上的乙酰基后转化为壳聚糖，壳聚糖的溶解性远远大于甲壳素。壳聚糖具有生物降解性和相容性，能抑菌、抗癌、降脂、增强免疫力，广泛应用于食品、纺织、农业、环保、医美、基因转导载体、组织工程载体材料等领域和其他日化工业。[②]

2022年，全球甲壳素市场规模大约为7.8亿元，核心厂商主要分布在北美、欧洲、中国、韩国以及东南亚等地区。中国甲壳素生产厂商主要分布在江苏、浙江、山东，原材料主要来源于虾蟹外壳。中国甲壳

---

① 侯秀明：《甲壳素水溶肥对温室番茄生长和产量的影响》，《上海蔬菜》2023年第3期。
② 杨小曼：《废弃虾蟹甲壳的资源化及其在锌离子混合电容器中的应用研究》，硕士学位论文，东莞理工学院，2023。

素壳聚糖行业正处于一个快速发展的阶段，市场的需求量在不断增长，但是国内企业在技术水平、产品质量、市场开发能力等方面还有很大的提高空间，竞争也非常激烈。①

四 海洋贝类生物资源

海洋贝类属于软体动物，可分为双壳贝类和单壳贝类，是重要的海洋生物资源。中国贝类资源丰富，年产量占世界贝类总产量的60%以上，已知的贝类约4000种，大约占世界贝类（约11万种）的3.6%。中国主要的经济贝类有60余种，包括鲍鱼、扇贝、贻贝、牡蛎、蛤等。

（一）海洋大宗贝类生物资源变化

2013~2022年，中国海水贝类养殖产量连续超过千万吨，且尚在增长之中。2022年，中国海水贝类养殖产量为1569.58万吨，占海水产品产量的45%，占海水养殖产品产量的68.98%；海水贝类捕捞产量呈下降的趋势，最近三年稳定在36万吨左右。山东海水贝类养殖和捕捞产量已连续多年位居全国第一，其产量变化趋势与全国产量变化趋势基本一致。2022年，山东海水贝类养殖和捕捞产量分别为442.94万吨和12.44万吨，分别占全国养殖捕捞产量的28.22%和34.27%（见表4）。山东及全国贝类养殖产量远远大于捕捞产量。

表4 2013~2022年中国及山东贝类产量

单位：万吨，%

年份	养殖产量			捕捞产量		
	山东	全国	占比	山东	全国	占比
2013	354.71	1272.80	27.87	17.62	54.76	32.18

---

① 《2023-2028年中国甲壳素原料行业投资分析及"十四五"发展机会研究报告》，中国报告大厅，2023年2月7日，https://m.chinabgao.com/report/10857265.html，最后访问日期：2023年12月26日。

续表

年份	养殖产量			捕捞产量		
	山东	全国	占比	山东	全国	占比
2014	369.71	1316.55	28.08	17.55	55.16	31.82
2015	389.48	1358.38	28.67	16.67	55.60	29.98
2016	405.24	1420.75	28.52	17.27	56.13	30.77
2017	414.02	1437.13	28.81	13.99	44.29	31.59
2018	414.89	1443.93	28.73	14.38	43.01	33.44
2019	392.25	1438.97	27.26	13.94	41.19	33.85
2020	407.73	1480.08	27.55	11.90	36.19	32.88
2021	423.68	1526.07	27.76	11.88	35.94	33.04
2022	442.94	1569.58	28.22	12.44	36.29	34.27

资料来源：根据 2014~2023 年《中国渔业统计年鉴》统计分析。

　　蛤、牡蛎、扇贝、贻贝、蛏、鲍鱼、螺和蚶是山东主养的海水贝类，其中蛤、扇贝、贻贝的产量均居全国第一。2013~2022 年，蛤、扇贝、蛏的产量变化不大，牡蛎、鲍鱼的产量增长较快，贻贝、螺的产量呈下降的趋势，蚶的产量呈先上升后下降再波动升高的趋势（见表5）。

表5　2013~2022 年山东海洋贝类产量

单位：万吨

年份	蛤	牡蛎	扇贝	贻贝	蛏	鲍鱼	螺	蚶
2013	134.502	75.818	76.104	39.027	14.498	1.196	1.766	0.553
2014	134.043	80.349	75.682	43.427	14.761	1.472	2.147	1.536
2015	137.291	85.684	85.640	46.085	15.694	1.513	2.261	1.490
2016	144.114	87.279	91.116	44.423	16.180	1.540	1.753	0.209
2017	143.753	91.068	98.422	44.700	16.394	1.341	1.659	0.255
2018	135.623	93.318	98.264	43.914	16.361	1.319	1.057	0.232
2019	120.961	86.988	97.347	38.407	15.358	2.143	1.030	0.551
2020	131.390	97.146	95.902	38.445	14.018	3.402	1.611	0.768
2021	133.597	113.320	98.396	33.731	14.254	3.543	0.949	0.509
2022	131.343	113.908	98.390	28.685	14.208	3.697	0.945	0.667

资料来源：根据 2014~2023 年《山东渔业统计年鉴》统计分析。

（二）海洋贝类生物资源变化原因及未来发展趋势分析

贝类是山东省海水养殖的主要种类，其养殖产量也远远大于捕捞产量。2013～2022年，山东省贝类养殖产量呈增加趋势，主要得益于牡蛎养殖产量的升高。一方面，牡蛎新品种（尤其是三倍体牡蛎）的推广应用提高了养殖产量；另一方面，近年来随着"乳山牡蛎"等品牌的创建，牡蛎市场价格不断走高，带动了从业者的热情，养殖面积和投苗量均有了显著增加。

随着山东省各地市海域滩涂养殖规划的实施，海水养殖面积已基本确定，且随着贝类养殖数量和面积的增加，养殖容量的问题会越来越突出。养殖周期变长、疾病暴发、肥满度降低均与养殖容量密切相关。因此，若不及时采取相应措施，山东省贝类养殖的风险会逐步增大，养殖产量波动可能会较大。

（三）海洋贝类生物资源的开发与利用

海洋贝类蕴含了大量的蛋白质和多肽等活性物质，是海洋蛋白资源综合利用的重要原料之一。首先，海洋贝类是一种重要的食物资源，被广泛用于人类的饮食中；其次，海洋贝类还可以用于药用和化妆品的生产；再次，贝类的贝壳可以被用于制作工艺品和珍珠等奢侈品；最后，海洋贝类可以清除海底底泥中的有机物，维持海洋生态平衡。

目前，中国海洋贝类可食部分的开发利用已较为成熟，如各种贝类干制品、冻煮品、熏腌制品、调味品等，但对贝壳部分却很少加工利用。贝壳占贝类质量60%以上，其资源化利用既可以减少贝壳残骸对环境的污染，又能创造经济和社会效益。建筑材料是贝壳资源化利用最有效的途径，贝壳可以制作墙砖、地砖，还可以烧制石灰等。贝壳的主要成分是碳酸钙，可以制作肥料，提供植物生长所需要的营养元素；同时，一些名贵的贝壳可以制作各种珠宝、工艺品，不仅美观大方，而且具有一定的收藏价值；此外，贝壳还可以被用来制作钙片、钙粉等医药制品，补充元素钙，预防人体骨质疏松。

五 海洋头足类生物资源

头足类动物隶属软体动物门头足纲，全部在海水中生活，是体型最大的无脊椎动物。中国海域头足类记录的有效现存物种达154种，隶属34科79属。多数头足类生长速度快、生活史短、经济价值高，是很有前途的海水养殖种类，在海洋生态系统中有着举足轻重的位置。

（一）海洋大宗头足类生物资源的变化

头足类生物在海洋中生活，且目前大多数头足类生物不能进行人工养殖（海蜇少量养殖），产量统计以海洋捕捞为主。2013~2022年，全国及山东海洋头足类生物产量有所下降，但近五年来，产量基本维持在60万吨（全国）和9万吨（山东）左右，变化不大。主要的品种有海蜇、章鱼、鱿鱼和乌贼。山东省海蜇及章鱼产量位居全国第一，2022年产量超过全国产量的30%，鱿鱼产量排名较低（见表6）。

表6 2013~2022年全国及山东海洋头足类生物产量

单位：万吨

年份	头足类生物产量		海蜇产量		章鱼产量		鱿鱼产量	
	山东	全国	山东	全国	山东	全国	山东	全国
2013	11.78	66.43	7.56	21.13	2.45	11.68	7.11	36.11
2014	12.63	67.67	8.17	19.62	2.52	12.14	7.95	37.47
2015	12.43	69.98	7.77	19.67	3.25	13.03	7.82	38.01
2016	12.70	71.56	8.16	20.55	3.28	13.71	7.58	38.86
2017	9.13	61.66	5.83	16.85	2.62	11.08	4.73	32.02
2018	9.21	56.99	6.07	16.07	2.85	10.78	3.88	29.20
2019	8.81	56.92	4.58	14.58	3.06	10.60	3.81	29.00

年份	头足类生物产量		海蜇产量		章鱼产量		鱿鱼产量	
	山东	全国	山东	全国	山东	全国	山东	全国
2020	8.74	56.49	4.67	12.86	2.93	10.49	3.40	29.57
2021	9.15	58.55	5.34	14.02	3.07	10.63	3.37	30.85
2022	9.16	59.15	5.38	14.51	3.00	11.00	3.54	31.21

资料来源：根据 2014~2023 年《中国渔业统计年鉴》统计分析。

（二）海洋头足类生物资源变化原因及未来发展趋势分析

2016~2017 年山东省海洋头足类生物资源产量变化最大（见表6）。2017 年，全球海洋温度创历史新高，是现代海洋观测记录以来最高的一年。温度的变化可能影响了海洋生物繁殖与生长。2017 年以后，山东省海洋头足类生物的产量相对较为稳定并有升高的趋势，表明经过几年的调整，头足类生物资源有恢复的趋势。在未来的几年中，如不遭遇重大环境变化，山东省头足类生物资源应呈稳中有升的趋势。

（三）海洋头足类生物资源开发与利用

头足类生物是重要的海洋生物资源，可直接食用，也可进一步加工成种类丰富的预制菜，如海蜇丝、墨鱼丸、章鱼烧等。头足类加工副产物中生物活性物质含量较高，可提炼海洋药物，如从章鱼类肉的煮汁中提取牛磺酸，从太平洋褶鱿鱼的肝脏中提取油脂，从乌贼类的墨囊中提取黑素，从鱿鱼和枪乌贼内壳中提取拟蛋白，从枪乌贼和鱿鱼卵中提取卵磷脂。[①] 海洋头足类生物资源开发潜力巨大，市场前景非常广阔。

---

① 陈新军：《世界"头足类"经济资源及其开发利用状况》，《世界科学》2005 年第 3 期；刘玮炜：《海洋头足类动物资源综合利用研究进展》，《江苏海洋大学学报》（自然科学版）2020 年第 29 期。

六 其他海洋生物资源

（一）海参

海参在分类上属于棘皮动物门、海参纲，均属海洋种类。中国海域有 140 多种，其中以黄海、渤海的刺参品种质量最佳、经济价值最高。

2013~2022 年，全国海参养殖面积及产量呈上升趋势，而山东省海参养殖面积及产量均相对稳定。2022 年全国海参养殖产量达 24.85 万吨，养殖面积达 25.04 万公顷。山东省是中国海参重要原产地和第一养殖大省。2022 年，山东海参养殖产量 10.02 万吨（占全国 40.31%），养殖面积 8.22 万公顷（占全国 32.83%），产值 180 亿元，是山东省单品种产值最高的海水养殖品种。值得一提的是，山东省是全国海参苗种的主产区，产量常年占全国的 60% 以上（见表 7）。

表 7 2013~2022 年全国及山东海参养殖产量及面积

单位：万吨，万公顷，%

年份	养殖产量			养殖面积			苗种产量		
	山东	全国	占比	山东	全国	占比	山东	全国	占比
2013	9.65	19.37	49.83	8.87	21.49	41.28	443.58	737.82	60.12
2014	9.96	20.10	49.54	8.62	21.42	40.24	489.09	745.55	65.60
2015	10.06	20.58	48.90	8.60	21.65	39.72	495.45	707.90	69.99
2016	9.28	20.44	45.43	7.80	21.80	35.78	421.15	631.18	66.72
2017	9.96	21.99	45.31	8.49	21.92	38.73	310.97	528.09	58.89
2018	9.22	17.43	52.90	8.81	23.82	36.99	345.70	561.90	61.52
2019	9.26	17.17	53.92	8.48	24.67	34.37	325.30	524.99	61.96
2020	9.89	19.66	50.31	7.97	24.28	32.83	332.87	550.60	60.46
2021	10.20	22.27	45.79	7.88	24.74	31.84	374.46	601.00	62.31
2022	10.02	24.85	40.31	8.22	25.04	32.83	398.50	628.00	63.46

资料来源：根据 2014~2023 年《中国渔业统计年鉴》统计分析。

海参体壁富含胶原蛋白、蛋白聚糖及多种微量元素。高度硫酸化的海参酸性黏多糖可促进人体的生长、愈创、成骨，预防组织和动脉硬化；五肽及三萜糖苷等成分具有抗肿瘤、抗炎活性和抗凝血作用。

随着海参食用、保健价值不断被认可，海参的消费需求逐渐增多，并且多元化。中国不但是全球最大的海参养殖国，也是海参产品的主要生产和消费国。海参消费需求的多样化极大地带动了相关贸易和加工等产业的发展，中国已形成较为完善的海参育苗、养殖、加工及市场开发的产业链。加工是产业链上的重要环节，目前中国海参粗、精、深加工技术已较为成熟，产品不再局限于传统的淡干和盐渍海参，即食、胶囊、口服液等新产品不断推陈出新。目前已有单位突破了海参加工副产物生物活性物质规模化制备关键技术并进行了产业化。含有丰富的营养物质和活性成分的海参加工副产物在医药、化妆品等领域的作用正在逐步被挖掘。

（二）海胆

海胆是棘皮动物门海胆纲动物的统称，海胆分布于世界各地海域，中国沿海约有70种，常见的种类有马粪海胆、光棘球海胆、紫海胆。

2013～2022年，中国海胆养殖产量一直在0.52万～1.36万吨波动，山东省养殖产量在0.31万～0.56万吨波动，山东省海胆养殖产量基本占全国产量的60%以上，位居全国第一。2021年，全国海胆养殖产量达到1.359万吨，是2013～2022年的最高产量。2022年，全国海胆养殖产量0.515万吨，山东养殖产量0.313万吨，均是2013～2022年的最低产量（见图19）。

海胆的生殖腺是其主要可食部分，味道鲜美，营养丰富，富含EPA，可预防心血管疾病。海胆的外壳、刺、卵黄等可辅助治疗胃及十二指肠溃疡、中耳炎等。目前，海胆主要被直接食用，少部分被开发为预制菜。

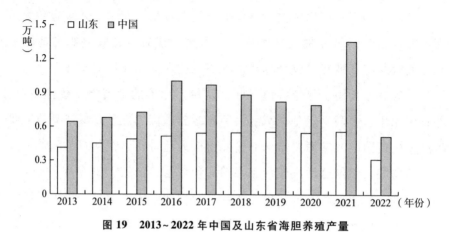

图 19　2013~2022 年中国及山东省海胆养殖产量

资料来源：根据 2014~2023 年《中国渔业统计年鉴》统计分析。

七　研究结论

2013~2022 年，山东大宗海洋生物资源变化十分明显，捕捞产量总体呈下降趋势，多数品种的养殖产量呈上升趋势，海洋生物资源的总量在上升。2022 年，于思程通过构建 ECM 误差修正模型，分析了山东省海洋生物资源开发利用程度与经济增长的经济学关系。根据 ECM 模型模拟结果可知，山东省海洋生物资源开发与利用水平推动了经济的发展，且海水养殖对经济增长的作用更明显，海洋捕捞对经济增长体现出一定的负效应。随着山东省对海洋生物资源开发利用的重视，其对整体经济增长的贡献更为凸显，并逐渐成为山东省海洋经济发展中不可或缺的组成部分。①

海洋大宗生物资源是海洋环境生态的重要组成部分，过度的开发利用势必会对海洋生态造成影响，盲目追求产量并不是可持续发展的途径。近年来，山东省海洋大宗生物资源的开发量持续上升，而对于海洋

---

① 于思程：《山东省海洋生物资源开发利用与经济增长研究》，《合作经济与科技》2022 年第 2 期。

生物资源容量的相关研究才刚刚起步，二者脱节严重。生态优先、保护优先、可持续性发展是我们坚持的理念。适时将容量引入海洋生物资源开发的过程中，并设立与之匹配的相关政策，对促进山东省乃至中国海洋生物资源的可持续性开发利用至关重要。

（责任编辑：徐文玉）

中国海洋产业蓝碳源汇识别与碳汇发展潜力初探[*]

卢　昆　李汉瑾　Hui Yu　王　健　吴春明　孙祥科[**]

摘　要　本文在探讨海洋产业开发中的蓝碳源汇分布特征及其关键形成过程的基础上，鉴于海洋第二、第三产业统计数据不足和碳汇评估方法的缺失，根据碳系数法与平均营养级法，测度了中国海洋第一产业开发所蕴含的碳汇水平，并运用灰色预测模型 GM（1，1），对"碳达峰"和"碳中和"目标对应年份中国海洋第一产业的蓝碳水平进行了预测。研究发现：（1）海洋第一产业开发具有"源汇一体"的双重属性，海洋第二产业的运行过程以碳排放为主，实现海洋增汇的手段较少，海洋第三产业源汇的形成在各个细分行业表现出差异性，其中海洋旅游业的碳汇潜力较大；（2）中国海洋第一产业的蓝碳总量已从 2003 年的 4319.348 万吨增至 2022 年的 5194.770 万吨，年均增长率约为 0.98%；（3）中国海洋第一产业的蓝碳总量在 2030 年将增至 6035.405 万吨，相当于每年大约义务造林 806.19 万公顷，创造的储碳价值将达到 150.7262 亿元，与之对应的 2060 年的数据则分别为 8996.405

* 本文由国家重点研发计划重点专项（2022YFD2401200）、中国国家留学基金（CSC NO. 202306330118）和中国海洋大学管理学院青年英才支持计划资助。

** 卢昆，博士，水产学博士后，中国海洋大学海洋碳中和中心副主任，管理学院教授、博士研究生导师，海洋发展研究院高级研究员，英国朴次茅斯大学蓝色治理中心高级研究员，主要研究领域为海洋经济与农业经济。李汉瑾，中国海洋大学 2023 级农业经济与海洋产业管理专业博士研究生，主要研究领域为蓝色经济管理。Hui Yu，英国格拉斯哥大学心理与神经科学学院教授，博士研究生导师，主要研究领域为计算方法及其应用。王健，博士，山东省海洋科学研究院副研究员，主要研究领域为海洋科技与产业研究。吴春明，管理学硕士，中国海洋大学管理学院实验师，主要研究领域为海洋经济管理。孙祥科，中国海洋大学 2022 级企业管理专业硕士研究生，通讯作者，主要研究领域为企业管理与蓝色经济。

万吨、1201.71 万公顷和 224.6732 亿元。

关键词　蓝碳　海洋产业　海洋碳汇　灰色预测　GM（1.1）模型

引　言

当前，全球由温室气体排放所引致的极端天气频发、海平面上升、生物多样性丧失等问题日益凸显，人类未来的生存和发展面临严峻的挑战。其中，作为大气中的首要温室气体，二氧化碳（CO_2）贡献了全球大约 66% 的暖化效应。[①] 2009 年，联合国环境规划署（UNEP）发布的《蓝碳：健康海洋固碳作用的评估报告》指出，在全球自然生态系统通过光合作用捕获的碳总量中，海洋生态系统固定的份额约为 55%，每年大约吸收了 30% 由人类活动排放到大气中的二氧化碳（CO_2），而且单位海域固碳量大约是同等面积森林固碳量的 10 倍；相较而言，海洋碳库（高达 39000PG）大约是陆地碳库容量的 20 倍，更是大气碳库容量的 50 倍。

究其本质，蓝碳是指通过海洋活动和海洋生物吸收大气中的二氧化碳（CO_2），并将其固定和储存在海洋中的过程[②]，实践中蓝碳一般看作海洋碳汇的简称。作为世界上最大的碳汇体，蓝碳显然在数量和效率上更有发展优势，其具体通过海洋碳泵（溶解度泵、碳酸盐泵、生物泵等）实现了碳在海洋中的垂直和水平迁移以及形态转换。[③] 自 2020 年 9 月习近平总书记在第七十五届联合国大会一般性辩论上提出"双碳"发展目标以来，中国各级政府部门、社会各行各业都积极投身于"减

[①]　于贵瑞、郝天象等：《中国碳达峰、碳中和行动方略之探讨》，《中国科学院院刊》2022 年第 4 期。

[②]　C. Nellemann, & E. Corcoran (Eds.), *Blue Carbon: The Role of Healthy Oceans in Binding Carbon: A Rapid Response Assessment*, UNEP/Earthprint, 2009.

[③]　焦念志：《微生物碳泵理论揭开深海碳库跨世纪之谜的面纱》，《世界科学》2019 年第 10 期。

碳增汇"工作。然而从现实来看,海洋碳汇的发展迄今依然面临微观机理不清①、人工干预技术薄弱②、评估标准和方法不全③等一系列问题。

鉴于此,本文在探讨海洋产业开发中的蓝碳源汇分布特征及其关键形成过程的基础上,受海洋第二、第三产业统计数据不足和碳汇评估方法缺失的影响,根据碳系数法与平均营养级法测度了海洋第一产业开发所蕴含的碳汇水平,进而运用灰色预测模型 GM (1,1) 对"碳达峰"和"碳中和"目标对应年份中国海洋第一产业的蓝碳水平进行了前瞻性预测。这是对中国海洋产业开发蓝碳潜力的初步探索,寄望能够促进蓝碳在中国海洋产业高质量发展和"双碳"目标实现进程中功能作用的发挥。

一 中国海洋产业开发中的蓝碳源汇识别

在海洋强国建设背景下,随着海洋科技创新与海洋综合开发利用程度的不断提高,中国的海洋生产总值在 2006~2022 年整体呈现稳步增长态势④,但是其在中国国内生产总值中的比重总体却呈下降态势 (见图 1)。2006~2022 年《中国海洋经济统计公报》披露,中国海洋生产总值已从 2006 年的 2.0958 万亿元增至 2022 年的 9.4628 万亿元,年均增长率约为 9.88%,同期中国海洋生产总值占国内生产总值的比重却从

---

① 陈小龙、狄乾斌、侯智文等:《海洋碳汇研究进展及展望》,《资源科学》2023 年第 8 期。
② 焦念志:《研发海洋"负排放"技术支撑国家"碳中和"需求》,《中国科学院院刊》2021 年第 2 期。
③ 张继红、刘毅、吴文广等:《海洋渔业碳汇项目方法学探究》,《渔业科学进展》2022 年第 5 期。
④ 2006 年,为全面反映海洋经济总体运行情况,实现与国民经济核算的一致性和可比性,根据国家标准《海洋及相关产业分类》(GB/T 20794—2006)、行业标准《沿海行政区域分类与代码》(HY/T 094—2006),在主要海洋产业统计的基础上,国家海洋局和国家统计局联合开展了全国海洋经济核算工作,制定并实施了《海洋生产总值核算制度》,对主要海洋产业的统计口径进行了修正,同时新增了海洋相关产业和海洋科研教育管理服务业。鉴于此,本文选取 2006~2022 年《中国海洋经济统计公报》数据,进行蓝碳分析。

2006 年的 9.551% 降至 2022 年的 7.819%，这一定程度上也意味着中国海洋产业的发展仍然滞后于陆地产业。从细分组成来看，海洋第三产业的产出贡献在中国海洋生产总值中的贡献最大，其次是海洋第二产业，海洋第一产业的产出贡献在考察期间始终小于其他两类产业（见图 1）。

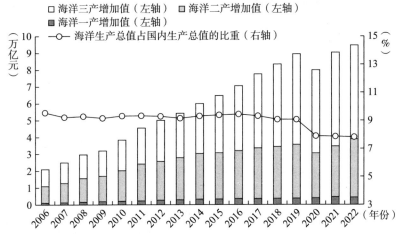

图 1　2006～2022 年中国海洋生产总值及其在国内生产总值中占比变化

资料来源：根据 2007～2023 年《中国海洋经济统计公报》统计分析。

（一）海洋第一产业开发与蓝碳源汇识别

1. 海洋第一产业的蓝碳源汇分布特征

海洋第一产业是指生产活动以直接利用海洋生物资源为特征的产业。[①] 目前，许多学者认为海洋第一产业是海洋渔业或者海洋水产业（包括海水养殖业和海洋捕捞业），忽视了滨海滩涂区域的产出及作用。随着海洋新产业与新业态的不断涌现，国家标准《海洋及相关产业分类》（GB/T 20794—2021）正式发布，新标准中将沿岸滩涂种植业纳入海洋第一产业当中。据统计，2006～2022 年，中国海洋第一产业增加值

---

① 黄瑞芬、苗国伟：《海洋产业集群测度：基于环渤海和长三角经济区的对比研究》，《中国渔业经济》2010 年第 3 期。

总体呈现增长态势（最大值为 2021 年的 4562 亿元，如图 2 所示），但是其在中国海洋生产总值中的比重总体上却呈波动下降特征。具体而言，中国海洋第一产业增加值已从 2006 年的 1105 亿元增至 2022 年的 4345 亿元，年约增长 8.93%；其在中国海洋生产总值中的占比却从 2006 年的 5.272% 降至 2022 年的 4.591%，年约下降 0.86 个百分点。

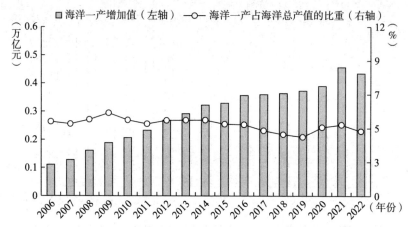

图 2　2006~2022 年中国海洋一产增加值及其在海洋生产总值中占比变化

资料来源：根据 2007~2023 年《中国海洋经济统计公报》统计分析。

实践中，海水养殖业在养殖渔船作业时的能源消耗、海水养殖生物生长过程中均会产生大量的 CO_2。与此同时，海水养殖贝类通过钙化和摄食生长利用海洋中的碳，增加自身生物体中的碳含量；海水藻类利用光能通过光合作用将 CO_2 同化为有机物实现了碳汇。与之相比，因在捕捞过程中渔船的燃料消耗以及捕捞设备如拖网、钓具、围网等正常运作均需要油电能源的消耗，海洋捕捞业会带来大量的 CO_2 排放，由此构成了海洋第一产业中的主要碳源。另外，由于海产品在生长过程中具备了固碳特点，捕捞得到的海水产品移出海水后，会促进"碳移出"和"碳储存"功能的发挥，从而提升了水域生态系统的碳汇能力。[1] 此

---

[1]　唐启升、蒋增杰、毛玉泽：《渔业碳汇与碳汇渔业定义及其相关问题的辨析》，《渔业科学进展》2022 年第 5 期。

外，尽管目前沿岸滩涂种植业在海洋第一产业增加值中占比较低（2022 年占比仅为 0.046%），然而沿岸滩涂种植业却因自身生产过程几乎不需要使用肥料、农药、农膜等 CO_2 排放较多的物资，而且能够通过作物的光合作用吸收 CO_2 并将其固定，成为海洋第一产业重要的碳汇组成。综合而言，海洋第一产业既在能耗、要素投入和生物生长代谢过程中排放 CO_2，又通过生物碳循环吸收利用自然环境中的碳元素形成碳汇，并且通过水产捕捞渔获物与养殖产品的形式移除已固存的碳，具有鲜明的蓝碳"源汇一体"分布特征。

2. 海洋第一产业的蓝碳源汇关键形成过程

从碳源来看，海洋捕捞业与养殖业在作业过程中使用到的捕捞和养殖渔船及所携带的装备设备需要化石燃料来运行，当化石燃料（如煤、石油和天然气）燃烧时，它们中的碳元素与氧气发生氧化反应，释放能量并产生 CO_2，导致大量 CO_2 释放到大气中。与此同时，海洋捕捞和养殖的对象（如鱼、虾、贝、藻等）在其生物性生长过程中呼出的大量 CO_2 也构成了海洋第一产业的主要碳源。

从碳汇来看，海洋第一产业的固碳机制主要是通过生物泵来实现的。具体而言，生物泵是指海洋中有机物生产、消费、传递等一系列生物学过程及由此导致的颗粒有机碳（POC）由海洋表层向深海乃至海底的转移过程。[①] 海水养殖业以养殖水藻贝类和渔业生物为主，它们的碳汇主要分为两类：直接碳汇与间接碳汇。前者对于水生藻类而言，是指养殖藻类（如海带、江蒿、麒麟菜等）和采捞藻类（如浒苔、巨藻等）在繁殖生长过程中，利用光能将 CO_2 和水转化为有机物质（如葡萄糖）的过程，其间藻类能够吸收水体中的 CO_2 等碳元素，通过光合作用将其转化为有机碳，同时释放氧气，从而实现海洋增汇；对于鱼类

---

① W. Chisholms, "Stirring Times in the Southern Ocean," *Nature* 6805（2000）: 685 - 686; P. G. Falkowski, T. Barberr, V. Smetacek, "Biogeochemical Controls and Feedbacks on Ocean Primary Production," *Science* 5374（1998）: 200-206.

养殖而言，直接碳汇是指海水养殖业以海水浮游生物和贝藻类等为食，其在摄食过程中会消耗大量浮游生物和贝藻类已固存的有机碳，并将摄入部分转化为生物质，促进了浮游生物及贝藻类的再生长，从而实现降碳增汇。后者是指滤食性贝类会食用海水中的浮游生物和有机物，把摄取的有机碳固定在贝壳和软体组织中，形成有机碳沉积物，并且在死亡后以贝壳的形式沉积到海底得以长期储存或者被人类捕捞消费后贝壳得以留存，从而实现碳汇功能。

（二）海洋第二产业开发与蓝碳源汇识别

1. 海洋第二产业的蓝碳源汇分布特征

海洋第二产业是指利用海洋资源进行经济活动的产业部门，具体包括海洋水产品加工业、海洋油气业、海洋矿业、海洋盐业、海洋船舶工业、海洋工程装备制造业、海洋化工业、海洋药物和生物制品业、海洋工程建筑业、海洋电力业、海水淡化和综合利用业。据统计，中国海洋第二产业增加值已从 2006 年的 9860 亿元增至 2022 年的 34570 亿元，年均增长 8.16%；其间，中国海洋第二产业增加值在海洋生产总值中的占比呈现"先降后升"的演变特征（见图3），其中最高的占比 47.92% 出现在 2011 年，而最低占比 33.40% 出现在 2021 年。从产出贡献来看，海洋油气业、海洋工程装备制造业、海洋化工业是现阶段中国海洋第二产业的主要细分组成，但三者创造的增加值在海洋第二产业总产值中的比重不足 30%（已从 2006 年的 20.03% 增至 2022 年的 26.44%），由此也揭示了现阶段中国海洋第二产业"大而散"的运行特征。另外，从各个细分行业增加值占比的平均值来看，海洋油气业占比的平均值最高（5.91%），其次是海洋工程建筑业（5.20%）和海洋化工业（4.64%）。

（1）海洋水产品加工业是以海洋渔业产出为原料，通过初级加工或深加工，生产海水鱼类、虾蟹类、贝类、藻类的冷冻制品、干制品、熟制品等的行业。海水产品加工过程中需要电力和燃料等能源提供动

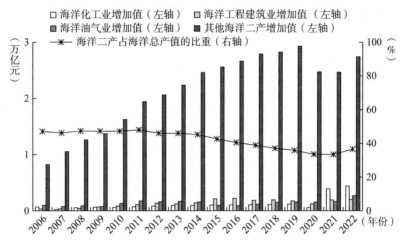

图 3 2006~2022 年中国海洋二产增加值及其在海洋生产总值中占比变化

资料来源：根据 2007~2023 年《中国海洋经济统计公报》统计分析。

力，而这些能源主要来自化石燃料的燃烧，从而导致大量的碳排放。同时，海水产品具有易腐性，从收储到加工完成均需要冷藏等高标准条件，同样会加大对能源的消耗。此外，海水产品加工过程中产生的壳、皮、骨、内脏等水产废弃物如果没有得到适当处理与利用，不仅会造成环境污染，而且其分解产生的 CO_2 等温室气体进一步提高了本行业的碳排放。

（2）海洋油气业是指在海洋中勘探、开采、输送、加工原油和天然气的生产活动。实践中，海洋油气业在勘测、钻井平台建设、开发阶段会使用船舶和各类机械设备，这些船舶和设备的使用会消耗大量的化石能源，同样带来人量碳排放。而且，在开发完成后，得到的油气需要进行收储与运输，这个过程也会因消耗能源带来碳排放。值得注意的是，海洋油气业并非单纯的碳源行业，在开采过程中可以利用碳捕集与储存（CCUS）技术和 CO_2 驱油技术实现碳封存，从而达到降碳增汇的目的。

（3）海洋矿业是指在海洋领域进行矿产资源勘探、开发和利用的产业，具体包括海滨砂矿、海滨土砂石、海滨地热、煤矿开采和深海采矿等采选活动。该行业在勘探、采矿、加工、运输等环节需要使用能源，进而产生碳排放。同时，在海洋矿产资源开发过程中可能会破坏海洋生态环境，减弱了海洋生物固碳能力，造成 CO_2 增加，所以海洋矿业也并非单纯的碳源行业。同样，一些海洋矿业项目可以采用碳捕集技术，将 CO_2 捕集埋藏，从而起到增加海洋碳汇的作用。

（4）海洋盐业是指以原盐为原料，经过化卤、蒸发、洗涤、粉碎、干燥、筛分等工序，加工制成盐产品的生产活动。从实际来看，海洋盐业在生产过程中普遍采用晒盐法（包括海水晒盐和海滨地下卤水晒盐等），通过自然蒸发成盐，不再依赖人工煎熬，这种通过自然力进行生产的方式减少了对能源的依赖，仅部分生产流程需要使用能源（如海水抽取、结晶分离、加工与包装等工序需要消耗少量能源）。从总体来看，海洋盐业作业流程相对简单，能源消耗相对较少，产生的碳排放相应较少，并无碳汇形成。

（5）海洋船舶工业是指涉及船舶制造、修理、维护和相关设备生产等活动的产业部门，由造船厂、船舶修造厂、船舶设备制造厂等组成。从生产环节来看，船舶原材料的切割、锻造、焊接、组装等过程需要使用大量的能源，船舶设备制造与安装如发动机和船用电气设备等制造安装也需要能源消耗，船舶的测试与调试环节同样会消耗大量的化石燃料以支撑运行，船舶维修与保养环节也会导致能源消耗产生大量 CO_2，所以海洋船舶工业的碳排放程度总体较高，并无碳汇形成。

（6）海洋工程装备制造业是指专门从事设计、制造和提供海洋工程所需设备和装备的行业，其以开发海洋资源为主要业务领域，主要为海洋工程项目提供必要的技术支持与设备保障。显然，它的产业特点决定了其在设备与装备制造过程中需要高能耗支撑，在铸造、煅烧、焊接、组装等环节使用大量能源会产生较多的 CO_2 排放，因此海洋工程装备制造业的碳排放程度总体较高，并无碳汇形成。

（7）海洋化工业是指以直接从海水中提取的物质（如海盐、溴素、钾、镁及海洋藻类等）为原料进行的一次加工产品的生产活动。从生产过程来看，首先，在采集海洋植物（藻类等）、海洋动物（甲壳类等）、海水等原料时，需要根据不同的原料类别使用不同的机器设备作业，而机器设备的运行需要能源的支撑，这会导致 CO_2 排放增加；其次，原料的处理与转化不可避免地需要化学作业过程，其间也会产生 CO_2 或其他温室气体；最后，由于生产完成的化学品或化工品具有一定的危险性，需要高标准的包装、储存与运输条件，同样会加大对能源的消耗，导致碳排放增加，所以海洋化工业的碳排放程度总体较高，并无碳汇形成。

（8）海洋药物和生物制品业是指以海洋生物为原料，利用生物技术、化学提取等方法分离纯化有效成分，进行海洋药物、生物医用材料、功能食品、化妆品和农用制剂等的生产、加工、制造、销售的行业。受其产业特征的影响，海洋药物与生物制品业在海洋生物资源采集、活性物质提取分离与合成、药物研发与制备、临床试验、生产销售等环节均会带来一定程度的碳排放。而在碳汇方面，受限于不同的加工产品类别，除了贝类产品的加工废料（如贝壳）可视为碳汇，其他部分形成的碳汇较少，而且形成的这部分碳汇也可以视作海水养殖与捕捞过程产生的碳汇。

（9）海洋工程建筑业是指在海上、海底和海岸所进行的用于海洋生产、交通、娱乐、防护等的建筑工程施工及其准备活动。该行业的碳排放主要产生于工程建筑运行阶段，建筑物或建筑设备对煤、石油等化石燃料的直接使用。此外，海洋工程建筑施工过程中的建材运输、工程废物输送、人员活动等也会增加 CO_2 的排放，该行业的海洋碳汇总体上较少。

（10）海洋电力业是指利用海洋中的潮汐能、波浪能、热能、海流能、盐差、风能等天然能源进行电力生产的行业。虽然海洋电力是一种可再生能源，可以减少人类社会对传统化石燃料的依赖和减少 CO_2 的排放，但它仍是一个以碳源为主的行业。以海上风电为例，由于风机基础需要建在海底，必须针对海底环境做出专门设计、建造和安装，其间不仅会产生大量的 CO_2 排放，还会对相关海域的生态环境造成损害，进而导致该海域生物碳汇能力的降低。

（11）海水淡化和综合利用业是指利用海水进行淡化处理，将海水转化为可供人类使用的淡水，并将淡化后的海水综合利用的行业。从实践来看，海水淡化是指将海水中的盐分和杂质去除，常见的海水淡化技术包括热法淡化（多效蒸馏 MED 技术、多级闪蒸 MSF 技术）和膜法淡化（主要是反渗透 RO 技术）。前者需要进行加热，而热量主要来源于煤、石油、天然气等燃料，由此淡化过程会产生大量的 CO_2 排放；后者主要通过物理渗透完成，淡化过程并不会导致 CO_2 的排放，但其复杂工序带来的设备维护成本加大，以及废弃后的膜组件同样会间接导致 CO_2 排放的增加。

2. 海洋第二产业的蓝碳源汇关键形成过程

从碳源来看，在海洋第二产业运行过程中，无论是使用煤、石油、天然气等一次化石能源，还是使用电力、煤气等二次能源，在能源消耗过程中均会产生大量的 CO_2，这便形成了海洋第二产业的直接碳源。而海洋盐业和海洋电力业在生产与制造相关产出时不会带来直接的碳排放，仅在场地建设、产品包装运输等环节存在能源消耗，由此构成了海洋第二产业的间接碳源。

从碳汇来看，海洋第二产业中的部分产业在一定情况下通过物理泵可以起到增汇的作用。具体而言，海洋油气业与海洋矿业可以利用碳捕集与储存（CCUS）技术将 CO_2 封存于海底——针对海洋油气厂与海洋矿业中的矿物处理厂等 CO_2 集中排放源，通过化学溶剂吸收法或吸附法对 CO_2 进行收集，使用碱性吸收剂可以有选择性地与混合烟气中的 CO_2 发生化学反应，生成不稳定的盐类（如碳酸盐、氨基甲酸盐等，该盐类可以在一定条件下逆向解吸出 CO_2），从而实现 CO_2 脱除回收，并

将分离得到的 CO_2 进行储存，最后通过管道运输储存到海底以达到 CO_2 封存的目的。此外，也可以利用高压将超临界状态下的 CO_2 注入海底油藏中，使用 CO_2 驱使原油流动以提高原油采收率，进而达到封存 CO_2 的目的。

整体来看，海洋第二产业具有资本技术密集型产业的特征，其在生产过程中对能源依赖度较高，相比于高碳排放的显著特征，除了人工参与实施的碳捕集与储存（CCUS）技术和 CO_2 驱油技术可以促进碳汇的形成，非人工因素所形成的碳汇近乎没有。所以，从蓝碳源汇视角来看，在整个海洋产业体系中，海洋第二产业的运行过程以碳排放为主要特征，整个行业实现海洋增汇的手段较少。

（三）海洋第三产业开发与蓝碳源汇识别

1. 海洋第三产业的蓝碳源汇分布特征

海洋第三产业是指为海洋开发的生产、流通和生活提供社会化服务的部门，主要由海洋旅游业、海洋交通运输业、海洋科研教育业和海洋公共管理服务业等组成。由于海洋第三产业并不是直接从海洋中获取物质资源的行业，它的碳源与碳汇分布特征并不像海洋第一产业和第二产业那样明显，具有鲜明的独特性。据统计，中国海洋第三产业增加值已从 2006 年的 9990 亿元增至 2022 年的 55710 亿元，年约增长 11.34%；其间，中国海洋第三产业增加值在海洋生产总值中的占比呈现"先增后降再上升"的演变特征，其中最高的占比 61.71%出现在 2020 年，而最低占比 46.98%出现在 2011 年（见图 4）。从产出贡献来看，海洋第三产业在考察期内对中国海洋生产总值的贡献最大，而且海洋旅游业和海洋交通运输业是现阶段中国海洋第三产业的主要组成。另外，从细分行业增加值占比的平均值来看，海洋旅游业占比的平均值最高（28.63%），海洋交通业（18.24%）仅次其后。

（1）海洋旅游业是指开发利用海洋旅游资源形成的服务行业，包

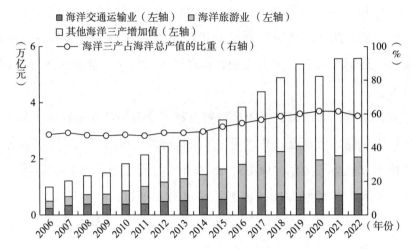

图 4　2006~2022 年中国海洋三产增加值及其在海洋生产总值中占比变化

资料来源：根据 2007~2023 年《中国海洋经济统计公报》统计分析。

括海岛旅游、滨海旅游、远洋旅游等活动。从行业运行特征来看，海洋旅游业具有碳源与碳汇双重属性。一方面，海洋旅游业在为游客提供旅游服务的过程中，游客出行船舶等交通工具、酒店景点的运营维护、游客的日常活动等会产生大量的碳排放，产生大量的碳源点。另一方面，海洋旅游业发展所依赖的特有海洋旅游吸引物（如珊瑚礁、红树林、盐沼湿地、海草床等），因其独特的生物性生长特点，会产生大量的海洋碳汇，从而成为海洋蓝碳最重要的碳汇组成。

（2）海洋交通运输业是指以船舶为主要工具，从事海洋运输、为海洋运输提供服务（包括旅客运输、货物运输、水上运输辅助活动、管道运输业、装卸搬运等）及其他运输服务的活动。该行业所有活动均与能源消耗直接相关，化石燃料的燃烧不仅会带来直接的碳排放，大量的海洋交通运输活动对运输过程中相关海域生态环境不可避免地会造成一定程度的破坏，进而会削弱相应海域的综合碳汇创生能力。

（3）海洋科研教育业是指开发、利用和保护海洋过程中所进行的科学研究与教育培养等活动。同样地，在海洋科考活动、海洋科学教育等过程中，需要使用科考船等船舶设备以及教学辅助设备，而船舶等设备的运行依然是靠能源消耗，从而带来大量的碳排放。从产出视角来看，如果海洋科研活动产出成果高效，则可能有助于通过提高能源利用效率从而减少碳排放，当然也有可能发现新的海洋碳汇。由此可以看出，海洋科研教育业具有不确定的间接碳汇效应。

（4）海洋公共管理服务业是指利用、保护和管理海洋资源的经营活动。在海洋地质勘探、海洋环境监测、海洋生态环境保护修复等过程中，需要使用专业的船舶以及相应的设备，主要的碳排放来源于船舶设备的能源消耗。同时，海洋生态环境保护修复与海洋技术服务的有效发展，能够平衡海洋酸碱度，不仅为海洋浮游生物、微生物、鱼虾贝藻等提供适宜的生长环境，而且能够提高作业海域的生物固碳和物理固碳能力。

2. 海洋第三产业的蓝碳源汇关键形成过程

从碳源来看，海洋第三产业的碳排放机理与海洋第二产业相同，二者均是因煤、石油等化石燃料燃烧产生的。从碳汇来看，依托珊瑚礁、红树林、盐沼湿地、海草床等吸引物发展起来的海洋旅游业，因为这些旅游景点独特的海洋生态系统具有较强的碳汇能力，使海洋旅游业的开发相比于海洋第二产业具有更强的碳汇能力和更大的潜力空间。相比于海洋交通运输业潜在的削弱相关海域综合碳汇创生能力的负面效应，海洋科研教育业具有不确定的间接碳汇效应，其碳汇水平的高低依赖海洋科研教育业的高效技术产出。值得注意的是，海洋公共管理业在海洋生态环境保护修复、海洋技术服务的过程中，除了能够保护与修复滨海湿地生态系统，还能通过人工珊瑚礁建设工作实现海洋增汇。客观而言，珊瑚礁生态系统的超强生产力主要依赖与之共生的、隶属虫黄藻科的光合作用甲藻（统称为虫黄藻）。[①] 不仅藻类的光合作用能够吸收 CO_2 转

---

① 石拓、郑新庆等：《珊瑚礁：减缓气候变化的潜在蓝色碳汇》，《中国科学院院刊》2021年第3期。

化为生物质从而实现固碳的目标，而且珊瑚能够通过钙化作用将有机碳转化为沉积物来达到固碳的目的。此外，附着在珊瑚上的细菌、真菌、病毒等微生物也能够通过"微生物泵"，将有机碳转化为惰性溶解有机碳并进行封存。整体而言，海洋第三产业源汇的形成过程因受其各个细分行业的独特性影响而表现出明显的差异性。

二 中国海洋产业的蓝碳水平测算——以第一产业为例

正确认识蓝碳的源汇特征及其关键形成过程是客观审视海洋产业发展对实现"双碳"目标所作贡献的重要基础，科学评估海洋产业开发的蓝碳水平则是全面评价和预测海洋产业"双碳"贡献的基本前提。鉴于海洋第二产业和第三产业统计数据的可获得性、碳汇评估方法的缺失，本文选择海洋第一产业进行海洋产业的蓝碳水平测算。囿于沿岸滩涂种植业数据不完整，参照最新的海洋产业国家标准《海洋及相关产业分类》（GB/T 20794—2021），本文选择海水养殖业和海洋捕捞业（包括近海捕捞业和远洋渔业）两个细分行业统计数据，使用碳系数法与平均营养级法，实证考察中国海洋第一产业开发所蕴含的碳汇水平，以此明确海洋第一产业发展对中国"双碳"目标实现的保障水平。

（一）测算方法与数据来源

1. 海水养殖业碳汇的测算方法与数据说明

《2022年中国海洋经济统计公报》披露，2022年中国海水养殖产量达到2275.70万吨，同比增长2.92%。其中，贝类产量为1569.58万吨，占海水养殖产量的比重为68.97%；藻类产量达到271.39万吨，占海水养殖产量的比重为11.93%；二者产量合计占比80.90%。容易理解，海水养殖贝类、藻类通过生物质作用实现固碳增汇，而鱼类和甲壳类在养殖过程中需要投入饵料等渔需物资，并不严格属于碳汇的范畴。① 因此，本文将海水养殖碳汇用狭义的海水养殖贝藻碳汇替代，相关数据来自 2004~2023 年历年《中国渔业统计年鉴》。

借鉴相关研究成果②，同时结合自然资源部发布的《养殖大型藻类和双壳贝类碳汇计量方法 碳储量变化法》，本文得到如下海水养殖贝藻碳汇量核算公式［见式（1）~式（5）］及其碳汇能力的评估系数（见表1）。

$$海水养殖碳汇量=海水养殖藻类碳汇量+海水养殖贝类碳汇量 \tag{1}$$

$$海水养殖藻类碳汇量=海水养殖藻类产量×干湿系数×含碳量 \tag{2}$$

$$海水养殖贝类碳汇量=海水养殖贝壳固碳量+海水养殖贝类软组织固碳量 \tag{3}$$

$$海水养殖贝壳固碳量=海水养殖贝类产量×干湿系数×软组织占比×贝壳含碳量 \tag{4}$$

$$海水养殖贝类软组织固碳量=海水养殖贝类产量×干湿系数×软组织占比×$$
$$软组织含碳量 \tag{5}$$

表 1 中国海水养殖贝藻类碳汇能力核算系数

种类	干湿系数（%）	质量占比（%）		碳含量（%）		碳汇系数
		软组织	贝壳	软组织	贝壳	
蛤	52.55	1.98	98.02	44.90	11.52	0.0640
扇贝	63.89	14.35	85.65	42.84	11.40	0.1017
牡蛎	65.1	6.14	93.86	45.98	12.68	0.0959
贻贝	75.28	8.47	91.53	44.40	11.76	0.1093
其他贝类	64.21	11.41	88.59	43.87	11.44	0.0972
海带	20	1	0	31.20	0	0.0624
裙带菜	20	1	0	26.40	0	0.0528
紫菜	20	1	0	27.39	0	0.0548
江蓠	20	1	0	20.60	0	0.0412

---

① 孙康、崔茜茜、苏子晓等：《中国海水养殖碳汇经济价值时空演化及影响因素分析》，《地理研究》2020 年第 11 期。

② 齐占会、王珺、黄洪辉等：《广东省海水养殖贝藻类碳汇潜力评估》，《南方水产科学》2012 年第 1 期；岳冬冬、王鲁民：《基于直接碳核算的长三角地区海水贝类养殖发展分析》，《山东农业科学》2012 年第 8 期；纪建悦、王萍萍：《我国海水养殖业碳汇能力测度及其影响因素分解研究》，《海洋环境科学》2015 年第 6 期。

续表

种类	干湿系数（%）	质量占比（%）		碳含量（%）		碳汇系数
		软组织	贝壳	软组织	贝壳	
其他藻类	20	1	0	27.76	0	0.0555

资料来源：根据 2004~2023 年《中国渔业统计年鉴》计算。

2. 海洋捕捞业的碳汇测算方法与数据说明

实践中，海洋捕捞业产生的碳汇主要是通过捕捞渔获物将食物链/网传递的海洋植物光合作用固定的碳移出水体予以实现。[①] 鉴于海洋捕捞业有近海捕捞业与远洋渔业之分，同时考虑到捕捞作业对象——海洋水产生物群体的生长环境与食物关系存在明显的差异性，本文采取不同的方法来测算中国近海捕捞业和远洋渔业的碳汇水平，近海捕捞业统计数据、远洋渔获量数据均来自 2004~2023 年历年《中国渔业统计年鉴》。

借鉴张波和唐启升[②]提供的碳系数法，近海捕捞业的碳汇测算如式（6）和式（7）所示。

$$C_r = \sum Y_i \times C_i \tag{6}$$

$$C_{total} = C_r \div (ECE_{捕捞群体TL} \times ECE_{TL=3} \times ECE_{TL=2}) + BZ \tag{7}$$

其中，C_r 为移除碳；Y_i 为捕捞种类 i（贝藻类除外）的年捕捞产量；ECE 为各营养级的生态转换效率，$ECE_{TL=2}$ 为 0.2，$ECE_{TL=3}$ 和 $ECE_{捕捞群体TL}$ 根据生态转换效率与营养级关系式（$ECE = -15.615TL + 86.235$）计算，二者数值分别为 0.394 和 0.285；BZ 为海洋捕捞贝藻的碳汇量，其计算过程详见式（1）~式（5）。

借鉴岳冬冬等[③]、刘锴和马嘉昕[④]的研究成果，本文采用平均营

---

① 张波、孙珊、唐启升：《海洋捕捞业的碳汇功能》，《渔业科学进展》2013 年第 1 期。

② 张波、唐启升：《中国近海渔业生物捕捞群体碳汇评估》，《渔业科学进展》2022 年第 5 期。

③ 岳冬冬、王鲁民、张勋等：《印度洋金枪鱼渔业碳汇量评估初探：以中国为例》，《中国农业科技导报》2014 年第 5 期。

④ 刘锴、马嘉昕：《中国海洋渔业碳汇的时空演变及发展态势》，《资源开发与市场》2023 年第 7 期。

级法来测算远洋渔业的碳汇量，如式（8）所示。

$$B = \frac{x}{\overline{E}^{(\bar{x}-1)}} \times \omega \qquad (8)$$

其中，B 代表远洋渔业的碳汇量，x 代表远洋渔获量，$\overline{E}$ 代表能量在不同营养级生物之间的平均传递效率，$\bar{x}$ 代表全球海域渔获量平均营养级，ω 代表浮游植物的碳含量平均值。参考宁修仁等[①]、鲁泉等[②]的研究成果，本文将 $\overline{E}$ 设定为 15%、ω 的值设定为 35%、$\bar{x}$ 的值设定为 3.25。

（二）中国海洋第一产业蓝碳水平测算结果

1. 海水养殖业的蓝碳水平

从规模总量看（见图5），中国海洋第一产业碳汇量自 2003 年以来整体呈增加趋势。据测算，中国海水养殖贝藻碳汇量已从 2003 年的 94.78 万吨增至 2022 年的 151.65 万吨，年增长率约为 2.50%；若折算成 CO_2，相当于年度固定的 CO_2 当量已从 2003 年的 347.52 万吨增至 2022 年的 556.05 万吨。尽管受气候变化和灾害因素的影响，2007~2010 年的海水养殖贝藻碳汇量相比于 2006 年的水平有所下降，但从 2011 年开始，中国海水养殖贝藻碳汇量已从 108.82 万吨增至 2022 年的 151.65 万吨，年增长率约为 3.06%。比较而言，海水养殖贝类产量大且碳汇系数较高，致使海水养殖贝类的碳汇水平在考察期内始终远超海水养殖藻类。从相对比例计算结果来看，考察期内的中国海水养殖贝类碳汇量占海水养殖贝藻类碳汇总量的比重已从 2003 年的 92.91% 降至 2022 年的 90.83%，同期的海水养殖藻类碳汇量占比则出现了微幅增长。另外，从年均增长率来看，中国海水养殖藻类碳汇量在 2003~2022

① 宁修仁、刘子琳、史君贤：《渤、黄、东海初级生产力和潜在渔业生产量的评估》，《海洋学报》（中文版）1995 年第 3 期。
② 鲁泉、李楠、方舟等：《基于渔获量平均营养级的西印度洋渔业资源利用评价》，《上海海洋大学学报》2022 年第 2 期。

年的年均增长率约为4.04%，高于同期海水养殖贝类碳汇量3.25%的年均增长率。

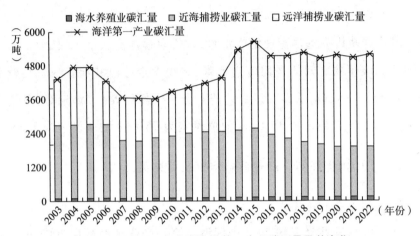

图5 2003~2022年中国海洋第一产业碳汇量及其变化

资料来源：根据2004~2023年《中国渔业统计年鉴》统计分析。

2. 海洋捕捞业的蓝碳水平

（1）近海捕捞业的蓝碳水平

受中国海洋捕捞管理政策的影响，中国的近海捕捞量自2019年起已低于1000万吨。据测算，中国近海捕捞业的碳汇量也相应地从2003年的2597.196万吨（折合成CO_2当量为9523.05万吨）降至2022年的1768.026万吨（折合成CO_2当量为6482.76万吨），年均降幅约为2.00%；而且，2020~2022年，中国近海捕捞业的碳汇量年平均值为1768.97万吨（见图5）。

（2）远洋渔业的蓝碳水平

在21世纪远洋渔业政策持续支持下，中国的远洋渔获量总体呈增长态势，已从2003年的115.77万吨增至2022年的232.98万吨。据测算，其对应的远洋渔业碳汇总量也从2003年的1627.37万吨（折合成CO_2当量为5967.02万吨）增至2022年的3275.09万吨（折合成CO_2当量为120008.68万吨），年约增长3.75%。其中，2009年中国远洋渔业碳汇量最低为 1373.74 万吨 (折合成 CO_2 当量为 5037.03 万吨), 而最大碳汇量 3275.09 万吨 (折合成 CO_2 当量为 9632.62 万吨) 出现在 2022 年。而且, 2020~2022 年, 中国远洋渔业碳汇量年平均值达到 3229.87 万吨 (见图 5)。

3. 总体评价

由图 5 可以看出, 2003~2022 年, 中国海洋第一产业的蓝碳总量整体呈现微幅增长态势。据测算, 中国海洋第一产业的蓝碳总量已从 2003 年的 4319.35 万吨 (折合成 CO_2 当量为 15837.62 万吨) 增至 2005 年的 4751.45 万吨, 然后降至 2009 年的 3622.54 万吨, 此后快速增至 2015 年的 5654.07 万吨, 并最终波动下降到 2022 年的 5194.77 万吨 (折合成 CO_2 当量为 19047.49 万吨), 2003~2022 年的年均增长率约为 0.98%。需要说明的是, 科学研究表明, 每公顷人工林每年大约吸收 27.45 吨 CO_2[①], 据此标准可以计算得到 2020~2022 年三年期间, 中国海洋第一产业的年均蓝碳总量达到 5147.87 万吨 (相当于每年固定 18875.52 万吨 CO_2), 大约相当于每年义务造林 687.633 万公顷。

三　基于 GM (1, 1) 模型的中国海洋第一产业的蓝碳潜力预测

(一) GM (1, 1) 模型基本原理

比较而言, 灰色模型 (Grey Model) 可以依托少量、不完全的信息, 通过建立灰色微分预测模型揭示目标系统的内在规律, 并对其未来发展态势进行定量预测。[②] 为进一步分析中国海洋第一产业的蓝碳潜力, 考虑到现有统计数据有限和信息不完全的困境, 本文采用 GM (1,

---

① 李怒云编著《中国林业碳汇》, 中国林业出版社, 2007。
② 张颖、李晓格、温亚利:《碳达峰碳中和背景下中国森林碳汇潜力分析研究》,《北京林业大学学报》2022 年第 1 期。

1) 模型[①]预测中国海洋第一产业的碳汇量，进而评估"碳达峰"和"碳中和"目标对应年份中国海洋第一产业的蓝碳水平。根据灰色系统理论，本文海洋第一产业蓝碳总量 GM （1，1） 模型构建如下所示。

第一步，设 x 为海洋第一产业的蓝碳总量，使用 n 年数据构成原始序列：$x^0(k) = \{x^{(0)}(1)，x^{(0)}(2)，\cdots，x^{(0)}(n)\}$。

第二步，计算原始序列级比：

$$\sigma^{(0)}(k) = \frac{x^{(0)}(k-1)}{x^{(0)}(k)}，k = 2,3,\cdots,n \tag{9}$$

如果级比 $\sigma^{(0)}(k) \epsilon (e^{\frac{-2}{n+1}}，e^{\frac{2}{n+1}})$，则适用 GM （1，1） 建模。否则，取常数 c 对数据做平移转换处理：$y^{(0)}(k) = x^{(0)}(k) + c$，$k = 1，2，\cdots，n$，得到序列 $y^{(0)} = \{y^{(0)}(1)，y^{(0)}(2)，\cdots，y^{(0)}(n)\}$。此时序列级比：

$$\sigma_y^{(0)}(k) = \frac{y^{(0)}(k-1)}{y^{(0)}(k)}，k = 2,3,\cdots,n \tag{10}$$

第三步，累加处理原始序列，削弱随机性，得到 $x^{(1)}(k) = \{x^{(1)}(1)，x^{(1)}(2)，\cdots，x^{(1)}(n)\}$。其中，

$$x^{(1)}(k) = \sum_{i=1}^{k} x^{(0)}(k)，k = 1,2,\cdots,n \tag{11}$$

第四步，建立 GM （1，1） 预测模型的微分方程：

$$\frac{\mathrm{d}x^{(1)}(t)}{\mathrm{d}t} + ax^{(1)}(t) = b \tag{12}$$

其中，a 为发展系数，b 为灰色作用量，t 为时间。

第五步，构造向量 Y 和矩阵 B，$Y = \begin{bmatrix} x^{(0)}(2) \\ x^{(0)}(3) \\ \vdots \\ x^{(0)}(n) \end{bmatrix}$，

---

① 邓聚龙：《灰色系统理论简介》，《内蒙古电力技术》1993 年第 3 期。

$$B = \begin{bmatrix} -\dfrac{1}{2}[x^{(1)}(1) + x^{(1)}(2)] & 1 \\[2mm] -\dfrac{1}{2}[x^{(1)}(2) + x^{(1)}(3)] & 1 \\[2mm] \vdots & \vdots \\[2mm] -\dfrac{1}{2}[x^{(1)}(n-1) + x^{(1)}(n)] & 1 \end{bmatrix}$$

第六步，设 $\hat{\gamma} = \begin{pmatrix} a \\ b \end{pmatrix}$ 为待估参数向量，则有 $Y = B\hat{\gamma}$。利用最小二乘法，可得：

$$\hat{\gamma} = (B^{\mathrm{T}}B)^{-1}B^{\mathrm{T}}Y \tag{13}$$

当 $x^{(1)}(1) = x^{(0)}(1)$ 时，白化方程时间响应函数如下：

$$x^{(1)}(t) = \left[x^{(0)}(1) - \frac{b}{a}\right] \mathrm{e}^{-a(t-1)} + \frac{b}{a} \tag{14}$$

令 $t = k$，灰色微分方程的响应序列如下：

$$\hat{x}^{(1)}(k+1) = \mathrm{e}^{-ak}\left[x^{(0)}(1) - \frac{b}{a}\right] + \frac{b}{a}, k = 0,1,\cdots,n-1 \tag{15}$$

第七步，累减还原得预测模型：

$$\hat{x}^{(0)}(k) = \hat{x}^{(1)}(k) - \hat{x}^{(1)}(k-1) = \left[x^{(0)}(1) - \frac{b}{a}\right](1 - \mathrm{e}^{a})\mathrm{e}^{-a(k-1)}, k = 2,3,\cdots,n \tag{16}$$

第八步，模型精度检验。精度值：$P^0 = [1 - \varepsilon(avg)] \times 100\%$

其中平均残差相对值为：$\varepsilon(avg) = \dfrac{\displaystyle\sum_{k=1}^{n} \epsilon(k)}{n}$，

$$\varepsilon(k) = \frac{|x^{(0)}(k) - \hat{x}^{(0)}(k)|}{x^{(0)}(k)} \times 100\%$$

后验差比值 $C = \dfrac{S_2}{S_1}$，其中 S_2 为残差序列的标准差，S_1 为原始序列的标准差。根据灰色理论，GM（1，1）模型精度的等级如表2所示。[①]

表2　GM（1，1）模型精度等级

模型精度等级	精度 P（%）	后验差比 C
1级（优）	$P>95$	$C<0.35$
2级（良）	$95>P>80$	$0.35<C<0.50$
3级（中）	$80>P>70$	$0.50<C<0.65$
4级（差）	$P\leqslant70$	$C\geqslant0.65$

资料来源：作者计算所得。

根据对应的年份，设立原始数据序列 $x^0(k)=\{4319.348，4747.089，4751.466，\cdots，5194.770\}$，通过级比检验得 $\sigma^{(0)}(k)=\{1.10，1.00，0.89，\cdots，1.02\}$，此时 $n=20$，原始数据并没有通过级比检验，因此需要平移转换，即在原始值基础上加入平移转换值 5654.00，平移转换后的数据级比检验值均在标准范围区间 $\sigma_y^{(0)}(k)\in(e^{\frac{-2}{n+1}}，e^{\frac{2}{n+1}})=[0.909，1.100]$ 内，级比检验合格，故可以使用 GM（1，1）模型进行建模。通过一次累加可以得到：$x^{(1)}(k)=\{9973.348，10401.089，10405.466，\cdots，10848.77\}$。进而，使用最小二乘法可以求得发展系数 $a=-0.0075$，灰色作用量 $b=9500.7195$。至此，可以计算得到中国海洋第一产业蓝碳总量 GM（1，1）模型的时间响应函数，如式（17）所示：

$$\hat{y}^{(1)}(k) = 1185712.4668e^{0.0093(k-2003)} - 1184085.0968 \qquad (17)$$

式（17）中，$\hat{y}$ 代表中国海洋第一产业的蓝碳总量；$k=0$，1，2，$\cdots$，n，其中 $k=0$ 代表2003年、$k=1$ 代表2004年，此后依次顺延。

（二）海洋第一产业蓝碳发展潜力预测

本文使用 SPSSAU 软件，对中国海洋第一产业蓝碳潜力进行预测，

---

① 刘思峰、郭天榜、党耀国：《灰色系统理论及其应用》（第二版），科学出版社，1999。

结果表明（见表3）：2003~2022 年，中国海洋第一产业蓝碳总量的预测值与真实值之间的平均相对误差为 8.73%；根据刘思峰等的研究结论，虽然中国海洋第一产业碳汇量 M（1，1）模型的最小误差概率 P 值为 0.550，其对应的模型精度仅为 4 级（差），但该模型的后验差比 C 值却达到 0.557，对应的中国海洋第一产业碳汇量 M（1，1）模型的精度等级为相对理想的 3 级（中），故本文据此模型尝试对"碳达峰"和"碳中和"目标对应年份中国海洋第一产业的蓝碳水平进行预测。[①]

表3 中国海洋第一产业蓝碳总量 GM（1，1）模型预测结果

年份	海水养殖业蓝碳总量（万吨）	近海捕捞业蓝碳总量（万吨）	远洋渔业蓝碳总量（万吨）	海洋第一产业蓝碳总量（万吨）	预测值（万吨）	残差（万吨）	相对误差（%）	级比偏差
2003	94.78	2597.196	1627.370	4319.348	—	—	—	—
2004	98.19	2609.055	2039.847	4747.089	3957.906	789.183	16.625	0.083
2005	102.78	2627.077	2021.586	4751.446	4030.519	720.927	15.173	-0.007
2006	106.54	2612.315	1533.199	4252.054	4103.682	148.373	3.489	-0.126
2007	94.00	2058.598	1511.393	3663.987	4177.397	-513.409	14.012	-0.169
2008	95.17	2030.577	1522.861	3648.604	4251.669	-603.065	16.529	-0.012
2009	99.69	2149.112	1373.735	3622.541	4326.502	-703.961	19.433	-0.015
2010	104.20	2201.648	1569.320	3875.172	4401.900	-526.727	13.592	0.058
2011	108.82	2297.708	1613.532	4020.055	4477.868	-457.812	11.388	0.029
2012	114.68	2342.118	1719.852	4176.650	4554.410	-377.760	9.045	0.030
2013	121.01	2341.063	1900.542	4362.618	4631.530	-268.911	6.164	0.035
2014	127.33	2379.485	2849.901	5356.714	4709.232	647.482	12.087	0.179
2015	131.64	2441.024	3081.403	5654.070	4787.522	866.548	15.326	0.045
2016	137.27	2211.831	2793.944	5143.047	4866.403	276.644	5.379	-0.108
2017	139.72	2069.990	2932.675	5142.380	4945.880	196.500	3.821	-0.008

① 刘思峰、郭天榜、党耀国：《灰色系统理论及其应用》（第二版），科学出版社，1999。

续表

年份	海水养殖业蓝碳总量（万吨）	近海捕捞业蓝碳总量（万吨）	远洋渔业蓝碳总量（万吨）	海洋第一产业蓝碳总量（万吨）	预测值（万吨）	残差（万吨）	相对误差（%）	级比偏差
2018	141.10	1942.259	3173.409	5256.773	5025.958	230.815	4.391	0.014
2019	141.83	1859.817	3050.690	5052.335	5106.640	-54.305	1.075	-0.048
2020	145.40	1768.173	3256.523	5170.096	5187.932	-17.837	0.345	0.015
2021	150.05	1770.712	3157.983	5078.745	5269.838	-191.091	3.763	-0.026
2022	151.65	1768.026	3275.094	5194.770	5352.363	-157.593	3.034	0.015
2003~2022 年模型平均相对误差（%）					8.73			
C 值					0.557			
P 值					0.550			
2030	—	—	—	—	6035.405	—	—	—
2060	—	—	—	—	8996.405	—	—	—

资料来源：作者计算所得

预测结果显示，2023~2060 年，中国海洋第一产业的蓝碳总量总体呈现持续稳健增长态势（见图 6）——将从 2022 年的 5194.770 万吨增至 2060 年的 8996.405 万吨，年均增长率约为 1.46%。具体来讲，在碳达峰设定的 2030 年，中国海洋第一产业的碳汇量将达到 6035.405 万吨（折合成 CO_2 当量约为 22129.82 万吨）；在碳中和设定的 2060 年，中国海洋产业的碳汇量将达到 8996.405 万吨（折合成 CO_2 当量约为 32986.82 万吨），分别相当于每年大约义务造林 806.19 万公顷和 1201.71 万公顷。另外，从储碳价值来看，按照国家统计局公布的 2023 年全国碳交易价格（全年 CO_2 成交平均价格为 68.11 元/吨）来计算，预计在 2030 碳达峰年份，中国海洋第一产业的蓝碳储碳价值将达到 150.7262 亿元；而在 2060 碳中和年份，中国海洋第一产业的蓝碳储碳价值将增至 224.6732 亿元。

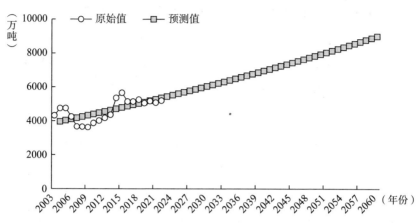

图 6 2003~2060 年中国海洋第一产业蓝碳总量原始值与预测值变化趋势

资料来源：作者绘制。

四 结论与展望

（一）主要结论

在海洋产业体系中，海洋第二产业的运行过程以碳排放为主，实现海洋增汇的手段较少；海洋第三产业源汇的形成受其各个细分行业的独特性影响而表现出差异性，其中依托珊瑚礁、红树林、盐沼湿地、海草床等吸引物发展起来的海洋旅游业具有更强的碳汇能力；比较而言，海洋第一产业既在能耗、要素投入和生物生长代谢过程中排放 CO_2，又通过生物碳循环吸收利用自然环境中的碳元素形成碳汇，并且通过捕捞渔获物与养殖产出的形式移除已固存的碳，具有鲜明的蓝碳"源汇一体"分布特征。

据测算，中国海洋第一产业的蓝碳总量已从 2003 年的 4319.348 万吨（折合成 CO_2 当量为 15837.62 万吨）波动增至 2022 年的 5194.770 万吨（折合成 CO_2 当量为 19047.49 万吨），年均增长率约为 0.98%。其中，从 2020 年到 2022 年，中国海洋第一产业的年均蓝碳总量达到

5147.87 万吨，大约相当于每年义务造林 687.633 万公顷。

据预测，中国海洋第一产业的蓝碳总量将从 2022 年的 5194.770 万吨增至 2030 年的 6035.405 万吨（年均增长率约为 1.89%，相当于每年大约义务造林 806.19 万公顷，所创生的储碳价值将达到 150.7262 亿元）、2060 年的 8996.405 万吨（年均增长率约为 1.46%，相当于每年大约义务造林 1201.71 万公顷，所创生的储碳价值将增至 224.6732 亿元）。

（二）未来展望

进一步做好海洋产业开发中蓝碳方案的顶层设计。全面审视现代海洋产业体系蓝碳源汇的形成过程，选择蓝碳潜力较大的细分行业，做好蓝碳提升方案的顶层设计，并针对滨海湿地、近岸海域、深远海域和国际公海等不同的蓝碳空间匹配相应的支持政策，最终通过促进"降碳增汇"视角下的各个细分海洋产业开发，充分发挥蓝碳在中国"双碳"战略实施进程中的潜在功能和支撑作用。

进一步拓展陆海统筹视角下滨海湿地的蓝碳空间。重点选择海洋滩涂种植业和依托珊瑚礁、红树林、盐沼湿地、海草床等吸引物发展起来的海洋旅游业，结合国家和省市各级海洋牧场项目建设，着力做好珊瑚礁、红树林、盐沼湿地、海草床等海洋特色蓝色生态系统的修复、重建和扩繁工作，从而最大限度地拓展海洋蓝碳的近岸空间。同时，继续加大远洋渔业的扶持力度，在充分发挥中国对全球海洋公海渔业资源利用权力的同时，通过积极的协商公关有效增加我国远洋渔业企业的捕捞配额，从而最大限度地提升远洋渔业对中国"双碳"目标实现的贡献份额。

进一步加强海洋蓝碳开发理论、方法和技术研究。鉴于蓝碳形成机理的复杂性和多样性，需要尽快组建一批跨学科、跨专业、跨机构、跨地区、跨国家的海洋产业开发降碳增汇研究队伍。靶向海洋自然碳汇和人工蓝碳的形成机理、测算方法、创新技术、涉海工程和提升路径，着力做好兼顾陆海统筹的滨海湿地、近岸海域、深远海域和国际公海的蓝碳提升方案和促进计划，以此确保从战略和战术双重层面尽快提升海洋资源开发对中国"双碳"目标实现的贡献水平和保障程度。

（责任编辑：徐文玉）

┌──┐
│集│
│刊│ **MARINE ECONOMY IN CHINA**   Volume 16
└──┘   October 2024

Abstracts and Keywords

Research on the Impact of Marine Industrial Structure Upgrading on the Green Total Factor Productivity of the Marine Economy in China

Wang Lingling, Su Meng / 1

Abstract: Based on SBM super-efficiency model, this paper calculates the green total factor productivity of the marine economy (MGTFP) in 11 coastal areas of China from 2006 to 2017. The dynamic panel data model was used to investigate the impact on the MGTFP from the two dimensions of rationalization and advancement. The results show that: (1) the average growth rate of the MGTFP was 2. 97% from 2007 to 2017. This growth is mainly due to the progress of marine green technology. (2) The advancement has a significant positive promoting effect on the MGTFP, but it has a lag effect. Therefore, we need to continue to accelerate the development of the marine tertiary industry, coordinate the relationship among the upgrading, resources and the environment, and strengthen the governance of the marine environment.

Keywords: Marine Economy; Marine Industrial Structure; Green Total Factor Productivity; Industrial Structure Upgrading

Spatiotemporal Evolution Characteristics and Regional Differences of China's Marine Environmental Regulation

Qiu Rongshan / 17

Abstract: This article systematically combs the development process of my country's marine environmental regulation, constructs a three-level index evaluation system, and uses the entropy value-TOPSIS method to conduct 9 Provincial (regional) marine environmental regulations are calculated. At the same time, spatial analysis technology is used to objectively analyze the spatiotemporal evolution characteristics and regional differences of my country's marine environmental regulations. Research shows: During the study period, the intensity of my country's marine environmental regulations fluctuated upwards and downwards. Among them, Zhejiang, Jiangsu, and Hebei have relatively strict marine environmental regulations, Guangdong, Liaoning, and Shandong have moderate marine environmental regulations, and Fujian, Guangxi, and Hainan have relatively low marine environmental regulations. From the perspective of regional differences, the regional differences in my country's marine environmental regulations show a trend of first narrowing and then gradually stabilizing. Among them, command-and-control marine environmental regulation has small regional differences in various coastal areas, while market incentive-based and voluntary participation-based marine environmental regulation have large regional differences.

Keywords: Marine; Environmental Regulation; Entropy Weight Method; Coefficient of Variation Method

Coupling and Coordination Relationship Between the Digital Economy and the High-quality Development of the Marine Economy and Analysis of Influencing Factors

Xia Ziyi, Liu Tao / 36

Abstract: The gradual exposure of domestic resource and environmental constraints, obstacles to traditional development methods and the urgent need to optimize the allocation of factors have made the marine industry in urgent need of transformation and upgrading. With the continuous progress of science and technology, digital economy plays a key role in promoting the growth of ocean economy. The article is based on 11 coastal provinces and municipalities in China from 2012 to 2021 as the research object, constructs the evaluation index system of digital economy and marine economy respectively, assigns the weight of each index by using the entropy weight TOPSIS method, and then calculates the coupling co-ordination degree by combining the coupling coordination degree model. The study shows that: the development level of digital economy and marine economy shows a relatively stable growth trend, but the development level of different regions shows significant differences, and the gap is widening; at the same time, the degree of coupling and coordination of the two has small fluctuations, but the overall growth trend, showing a good linkage effect. In view of this, in order to further promote the integrated development of the digital economy and the marine economy, the application of digital technology to the marine industry should be accel-erated, the demonstration role of areas with high quality coupling and coordination should be given full play, and the coordinated development of areas should be guided according to lo-cal conditions.

Keywords: Digital Economy; High-quality Development of the Marine Economy; De-gree of Coupling Coordination

Research on Marine Science and Technology Innovation Promoting High-quality De-velopment of Marine Economy in China

Wu Fan / 52

Abstract: The ocean is a strategic place for high-quality development. Innovation-driv-en is the first driving force for development and the key to future progress, which is crucial for the Marine industry. By analyzing the current status of Marine science and technology in-put and output, as well as the development status of the national Marine economy and major Marine industries, this paper explores the problems that hinder Marine science and technolo-gy innovation to drive the high-quality development of Marine economy, and puts forward countermeasures for Marine science and technology innovation to promote the high-quality development of Marine economy: We will increase investment in Marine science and tech-nology innovation, adjust the overall layout of Marine science and technology, improve laws and regulations on Marine science and technology innovation, and establish a mechanism for Marine science and technology research and development.

Keywords: Marine Economy; Scientific and Technological Innovation; Marine Industry

A Study on the Mutual Promotion and Development of Rural Revitalization Strategy and Island Ecotourism—Taking Yangma Island in Yantai City as an Example

Tang Na, Pan Yongtao / 83

Abstract: As the eastern starting point of the "Fairyland Yantai First Corridor" and an important link in the Yantai coastal cultural and tourism belt, Yangma Island occupies an important position in Yantai's tourism industry and has broad development prospects. Although it has advantages of both natural and cultural resources, Yangma Island's tourism development has not broken through the traditional sightseeing tourism model with low added value, low stickiness, and high environmental pressure. The main reason for this is the lack of clear positioning, insufficient product innovation, and a lack of tourism talent. Therefore, based on comprehensive research, this paper proposes a solution for the mutual promotion of rural revitalization strategy and ecological tourism on islands, by strengthening the target positioning through brand cultural construction, enhancing product quality through the development of high-quality projects, and improving service quality through the construction of tourism talent teams, with the aim of providing reference for the implementation of the rural revitalization strategy in island areas.

Keywords: Rural Revitalization Strategy; Ecotourism; Island Tourism

Research on the Integrated Development of Qingdao Film and Television Culture and Coastal Tourism

Li Wei / 99

Abstract: The film and television industry in Qingdao has developed rapidly, but the market size is small; the scale of coastal tourism is large and the demand for transformation and development is urgent. Film and television play an important role in promoting the development of cultural coastal tourism, and the integration of film and television culture and tourism in Qingdao has great potential for development. At present, Qingdao takes the film and television industry as the focus of development, the influence of film and television culture is small, and the level of integration of culture and tourism is low. There are some problems, such as insufficient contribution of film and television works to the shaping of

Qingdao's city image, weak support for the exploitation of coastal tourism resources and the development of coastal tourism products. We should change the development ideas, strengthen the top-level design, increase the correlation between film and television works and the image of Qingdao coastal city, enhance the exposure rate of Qingdao, promote the integration and development of film and television resources and coastal tourism resources, promote the combination of film and television IP and Qingdao coastal tourism product development, deepen the expression and interpretation of film and television on Qingdao characteristic city culture, and further strengthen the work in planning, management system, coordination mechanism, hardware construction, policy support and other aspects.

Keywords: Film and Television Cultural Industry; Coastal Tourism Industry; Qingdao

Research on Inheritance and Protection of Shandong Maritime Cultural Heritage

Zhu Jianfeng / 111

Abstract: Shandong is rich in maritime cultural heritage resources. Inheriting and protecting maritime cultural heritage is the accumulation and inheritance of Shandong's traditional maritime culture, and is also an important part of the construction of marine ecological civilization and the construction of a strong marine province. There are still problems in the protection and inheritance of Shandong's maritime cultural heritage, such as weak work foundation, insufficient knowledge of heritage, and lack of systems. It is necessary to systematically excavate, find out the family background, and clarify the context to improve the protection and protection of Shandong's maritime cultural heritage. Inheritance mechanism, establish a digital protection platform for maritime cultural heritage, and carry out long-term and sustainable protection of Shandong maritime cultural heritage.

Keywords: Maritime Culture; Ocean Power Province; Maritime Cultural Heritage; Digital Maritime Culture

Research on the Internal Mechanism and Strategy Optimization of Fiscal Policies Promoting the Development of Marine Leading Industry in Qingdao

Tian Wen / 126

Abstract: In order to tap the potential of the development of the marine economy and further improve the contribution rate of the marine economy to economic growth, it is necessary to vigorously cultivate and support the development of the marine industry. Based on the theory of policy tools and the theory of leading industry, this paper analyzes the internal mechanism of the development of the marine leading industry promoted by fiscal policy, and believes that the characteristics of the marine leading industry should be given full play to the leading effect and the leading trend of the development of the industry, and the policy support for the marine leading industry should be strengthened. On this basis, combined with the current fiscal policy and the actual situation of the marine industry in Qingdao, this paper puts forward the optimization strategy of promoting the development of the marine leading industry by using the financial policy tools such as tax incentives, government guiding funds, marine public bonds and special transfer payments, so as to promote the high-quality development of the marine economy in Qingdao.

Keywords: Marine Economy; Marine Industry; Leading Industries; Fiscal Policy; Tax Incentives

Research on Development Status and Improvement Strategies of Fishing Equipment in Aquatic Industry

Zhao Bin, Li Chenglin / 143

Abstract: The fishing equipment in the aquaculture industry is one of the important factors in promoting the high-quality development of the aquaculture industry. After years of development, the current domestic aquatic industry has made certain progress in technology and application of fishing equipment. Various specialized fishing equipment have been developed, including underwater target automatic recognition systems, underwater intelligent fishing robots, and all-weather variable water layer continuous fishing systems. However, at present, there is still a lack of applied research and innovation in the fishing equipment of the aquaculture industry, with low fishing efficiency, weak applicability, and low levels of informatization, automation and intelligence, which have become the shortcomings of the mechanization development of the aquaculture industry. Based on the development requirements and actual needs of the aquaculture industry, we should strengthen the research and development of harvesting equipment and its supporting equipment in the future, target biological parameters, enhance capture efficiency, promote interdisciplinary integration of equipment research and development, strengthen policy support for enterprise facility equipment research and development, and promote the sustainable development of the aquaculture industry.

Keywords: Aquaculture Industry; Harvest Equipment; Mechanization; Intelligence

Changes and Sustainable Development and Utilization of Bulk Marine Biological Resources in Shandong Province

Li Baoshan, Wang Jiying, Wang Bin, Cao Tihong, Sun Chunxiao,

Huang Bingshan, Wang Zhongquan / 157

Abstract: Shandong is one of major marine provinces, the exploitation and utilization of Marine biological resources is of great significance to the sustainable development of Shandong Marine economy. In the past ten years, the structure of Marine organisms in Shandong has undergone great changes, and new technologies and new processes have also promoted the development and utilization of Marine biological resources. In this paper, the changes of Marine plant resources, Marine fish resources, Marine crustaceans resources, Marine shellfish resources and Marine cephalopods resources in Shandong Province in recent ten years and their causes are analyzed comprehensively, and the development and utilization of these resources are introduced. The results showed that the fishing yield of bulk Marine organisms in Shandong showed a downward trend, the aquaculture yield of most species showed an upward trend, and the total amount of Marine biological resources increased.

Keywords: Marine Biological Resources; Aquatic Resources Development; Marine Economy; Marine Ecological Environment

Identification of Blue Carbon Sources and Sinks in China's Marine Industry and the Preliminary Study on the Development Potential of Carbon Sequestration

Lu Kun, Li Hanjin, Hui Yu, Wang Jian, Wu Chunming, Sun Xiangke / 188

Abstract: This paper presents a preliminary study of the distribution characteristics and key formation processes of Blue Carbon sources and sinks in the development of the marine industry. Given the limited availability of statistical data for the secondary and tertiary sectors of the marine industry and the absence of carbon sequestration assessment methods, this paper introduces the measurement of the level of carbon sequestration in China's marine primary industry using the carbon coefficient method and the average trophic level method. Additionally, it uses the grey prediction model GM (1, 1) to forecast the level of Blue Carbon in China's marine primary industry for the period corresponding to the "Carbon Peak" and "Carbon Neutrality" targets. The findings are summarized as follows: (1) The development of the marine primary industry possesses dual attributes of being both a source and a sink, whereas operations in the marine secondary industry are primarily carbon-emitting, offering limited means to enhance carbon sequestration. The formation of sources and sinks in the marine tertiary industry shows difference among different sub-sectors, with the marine tourism industry holding a greater potential for carbon sequestration. (2) The total blue carbon in China's marine primary industry increased from 43. 1935 million tons in 2003 to 51. 9477 million tons in 2022, with an average annual growth rate of about 0. 98%. (3) The total Blue Carbon in China's marine primary industry is expected to rise to 60. 35405 million tons by 2030, equivalent to approximate 8. 0619 million hectares of afforestation, with a carbon storage value of 15. 07262 billion RMB Yuan. The data for 2060 would be 89. 96405 million tons, 12. 0171 million hectares of afforestation, and 22. 46732 billion RMB Yuan respectively.

Keywords: Blue Carbon; Marine Industry; Marine Carbon Sink; Grey Prediction; GM (1, 1) Model

《中国海洋经济》征稿启事

　　《中国海洋经济》是由山东社会科学院主办的学术集刊，主要刊载海洋人文社会科学领域中与海洋经济、海洋文化产业紧密相关的最新研究论文、文献综述、书评等，每年由社会科学文献出版社出版2期。

　　欢迎高校、科研机构的学者，政府部门、企事业单位的相关工作人员，以及对海洋经济感兴趣的人员赐稿。来稿要求：

　　1. 文章思想健康、主题明确、立论新颖、论述清晰、体例规范、富有创新。文章字数为1.0万~1.5万字。

　　2. 作者请分别提供"基金项目"（可空缺）和"作者简介"。"作者简介"按姓名、工作单位、行政和专业技术职务、主要研究领域顺序写作；多位作者合作完成的，请提供多位作者简介；并附英文题目、英文作者姓名、英文单位名称、英文摘要和关键词；请另附通信地址、联系电话、电子邮箱等。

　　3. 提倡严谨治学，保证论文主要观点和内容的独创性。对他人研究成果的引用务必标明出处，并附参考文献；图、表等注明数据来源，不能存在侵犯他人著作权等知识产权的行为。论文查重比例不得超过10%。

　　来稿本着文责自负的原则，由抄袭等原因引发的知识产权纠纷作者将负全责，编辑部保留追究作者责任的权利。作者请勿一稿多投。

4. 来稿应采用规范的学术语言，避免使用陈旧、文件式和口语化的表述。

5. 本集刊持有对稿件的删改权，不同意删改的请附声明。本集刊所发表的所有文章都将被中国知网等收录，如不同意，请在来稿时说明。因人力有限，恕不退稿。自收稿之日 2 个月内未收到用稿通知的，作者可自行处理。

6. 本集刊采用匿名审稿制。

7. 来稿请提供电子版。本集刊收稿邮箱：1603983001@qq.com。本集刊地址：山东省青岛市市南区金湖路 8 号《中国海洋经济》编辑部。邮编：266071。电话：0532-85821565。

《中国海洋经济》编辑部

2021 年 4 月

附：稿件格式要求

1. 标题。20 字以内，三号黑体居中。

2. 摘要与关键词。小四楷体两端对齐，来稿请提供论文的中英文篇名、摘要（300 字左右）、关键词（3~5 个）。摘要需能简明扼要、客观准确地体现出论文的主要观点，不要出现"本文"字样。关键词以分号分隔并列。

3. 正文。小四宋体两端对齐，表示标题级别的序号形式从大到小依次为"一""（一）""1.""（1）"，正文中引自参考文献的部分，以中括号标注于引用处右上角。

4. 数学公式、物理量的符号和单位：应符合国家标准 GB3100 - 3102-93《量和单位》要求：量符号、代表变动性数字的符号以及坐标轴的符号均用斜体表示；矢量、张量、矩阵用黑斜体表示；量符号的下标，若是变量用斜体表示，其他情况则用正体表示。量符号尽量用一个字母（特殊情况除外）表示，在文稿中首次出现时，必须给出量的名称及单位。

5. 科技术语和名词：应使用全国科学技术名词审定委员会公布的名词。如系作者自译的新名词，在文稿中第一次出现时请给出外文原词。计量单位一律采用中华人民共和国法定计量单位，并以国际符号用正体表示。

6. 图：应有自明性，必要时应有图注解释图中各符号含义、注明实验参数。图题信息要完整。图中若有中国地图，国界必须与中国地图出版社出版的地图一致，中国全图上切勿漏绘台湾和南海诸岛。图片标题需中英文对照。

7. 表：要求采用三线表，表中尽量不使用竖线和斜线，必要时可适当增加线段。表题信息要完整。表自明性要强，必要时使用注解。表内各栏目中参量符号之后注明单位其形式是"参量/单位"。表格标题需中英文对照。

8. 注释体例要求：

（1）本刊注释和参考文献一律采用脚注形式。注释序号用①，②，③……标识，同一文献被反复引用者，可将序号集中并列为一行。

（2）正文中的注释序号统一置于包含引文的句子或段落标点符号之后右上标。脚注为宋体小五号字（字母、数字字体为 Times New Roman），单倍行间距。

（3）参考文献格式（注意各项顺序和标点符号）详细体例请阅社会科学文献出版社《作者手册》2020 年版，电子文本请在 www. ssap. com. cn "学术规范" 栏目下载。

①专著

作者或主编者：《文献名》，出版者，出版年，起止页码。

②译著

［原著者所在国名］原著者：《文献名》，译者名，出版者，出版年，起止页码。

③期刊文章

作者：《文献题名》，《期刊名》××年××期。

④报纸文章

作者：《文献题名》，《报纸名》出版日期，版次。

⑤专著或论文集析出文献

析出文献作者名：《析出文献题名》，专著或论文集主要责任者（主编或主要编辑者）：《专著或论文集题名》，出版者，出版年，析出文献起止页码。

⑥电子文献包括以数码方式记录的所有文献（含以胶片、磁带等介质记录的电影、录影、录音等音像文献），其标注项目与顺序是：责任者：《电子文献题名》，更新或修改日期，获取和访问路径。

（4）正文中引用先秦诸子的著作或少量引用传统经典古籍中的语

句，可适当使用夹注。一般只标书名和篇名，用中圆名连接，用圆括号括注，紧随引文之后。

（5）外文参考文献一律用原出版语种。引证英文文献的标注项目与顺序与中文相同。责任者与题名间用英文逗号，著作题名为斜体，析出文献题名为正体加英文引号，出版日期为全数字标注，责任方式、卷册、页码等用英文缩略方式。

图书在版编目（CIP）数据

中国海洋经济.第16辑／崔凤祥主编.--北京：
社会科学文献出版社，2024.10.-- ISBN 978-7-5228
-4167-0

Ⅰ.P74

中国国家版本馆 CIP 数据核字第 2024NU9416 号

中国海洋经济（第16辑）

主　　编／崔凤祥
副 主 编／刘　康　王　圣

出 版 人／冀祥德
责任编辑／韩莹莹
文稿编辑／郭晓彬
责任印制／王京美

出　　版／社会科学文献出版社·人文分社（010）59367215
　　　　　地址：北京市北三环中路甲29号院华龙大厦　邮编：100029
　　　　　网址：www.ssap.com.cn
发　　行／社会科学文献出版社（010）59367028
印　　装／三河市龙林印务有限公司

规　　格／开本：787mm×1092mm　1/16
　　　　　印张：14.5　字数：202千字
版　　次／2024年10月第1版　2024年10月第1次印刷
书　　号／ISBN 978-7-5228-4167-0
定　　价／98.00元

读者服务电话：4008918866

版权所有 翻印必究